"十四五"职业教育国家规划教材

染发技术

（第2版）

主编 梁 栋 杨志华

北京理工大学出版社
BEIJING INSTITUTE OF TECHNOLOGY PRESS

版权专有　侵权必究

图书在版编目（CIP）数据

染发技术 / 梁栋，杨志华主编. —2版. — 北京：北京理工大学出版社，2023.7重印
ISBN 978-7-5682-7984-0

Ⅰ.①染…　Ⅱ.①梁…②杨…　Ⅲ.①头发—染色技术—高等职业教育—教材　Ⅳ.①TS974.22

中国版本图书馆CIP数据核字（2019）第271300号

出版发行 / 北京理工大学出版社有限责任公司
社　　址 / 北京市海淀区中关村南大街5号
邮　　编 / 100081
电　　话 / （010）68914775（总编室）
　　　　　（010）82562903（教材售后服务热线）
　　　　　（010）68944723（其他图书服务热线）
网　　址 / http://www.bitpress.com.cn
经　　销 / 全国各地新华书店
印　　刷 / 定州启航印刷有限公司
开　　本 / 787毫米 × 1092毫米　1/16
印　　张 / 7　　　　　　　　　　　　　　　　　　责任编辑 / 钟　博
字　　数 / 162千字　　　　　　　　　　　　　　　文案编辑 / 钟　博
版　　次 / 2023年7月第2版第3次印刷　　　　　　责任校对 / 刘亚男
定　　价 / 33.00元　　　　　　　　　　　　　　　责任印制 / 边心超

图书出现印装质量问题，请拨打售后服务热线，本社负责调换

教材建设是国家职业教育改革发展示范学校建设的重要内容，作为第二批国家中等职业示范学校的北京市劲松职业学校，成立了由职业教育课程专家、教材专家、行业专家、优秀教师和高级编辑组成的五位一体的专业教材建设小组，开发设计了符合美容美发技能人才成长规律，反映行业新理念、新知识、新工艺、新材料的发展改革示范教材。

　　本套教材采用单元导读、工作目标、知识准备、工作过程、学生实践、知识链接的教材结构，突出了项目引领、工作导向，在知识准备的基础上，使学生熟悉工作过程、练习操作流程，最终通过实践，达到提高学生职业素养和职业能力的目的。

　　本套教材在每一本教材的教材目标设计和选择上，力求对接国家职业资格标准；在每一本教材的教材内容设计和选择上，力求对接典型职业活动；在每一本教材的教材结构设计和选择上，力求对接职业活动逻辑；在每一本教材的教材素材设计和选择上，力求对接职业活动案例。因此，这套教材有利于学生职业素养和职业能力的形成，有利于学生就业和职业生涯的发展。

　　我国职业教育"做中学"的教材、技术类的专业教材基本定型，服务类的专业教材也正逐步走向成熟，文化艺术类的专业教材正处于摸索阶段。一般技术类的专业教材采用过程导向逻辑结构；服务类的专业教材采用情景导向逻辑结构；文化艺术类的专业教材应采用效果导向的逻辑结构。这套美容美发专业的教材，是一次由知识本位到能力本位转型的新的有益探索，向效果导向的逻辑结构迈出了一大步。北京劲松职业学校美容美发与形象设计专业拥有十分优秀的师资和深度的校企合作，这是他们能够设计编写出优秀教材的基本条件。

前言

　　染发是美发的重要工作之一，也是美发操作技术的一项基本技术。染发技术与发型设计、造型技术相互渗透、密切结合，构成了美发企业经营与服务中最核心的内容。本教材依据教育部和北京市教委有关文件精神，针对中等职业学校美容美发与形象设计专业染发课程教学需要编写而成。

　　本教材根据染发技术课程标准，按染发工作性质和内容的不同，设计安排了"普通染发""挑染"和"漂发"3个学习单元。单元一根据染发目的的不同，介绍了普通染发中比较典型和常见的"新生发染发""遮盖白发"和"发根补染"3种技术；单元二根据挑染方式的不同，介绍了挑染工作中最基本的"锡纸挑染"和"挑染帽挑染"；单元三根据漂发量的不同，介绍了"全漂"和"挑漂"。全书在讲解各个项目的操作流程和技法的同时，将色彩知识、染发剂知识、染发原理知识和染发安全操作知识融入其中，做到了理论与实践的一体化。

　　本教材按照党的二十大报告要求，以健全终身职业技能培训制度，推动解决结构性就业矛盾。完善促进创业带动就业的保障制度，支持和规范发展新就业形态为指导思想。以岗位工作为依据，以典型工作任务为载体，以典型的洗护服务项目流程为主线，构成全书。教材在编写过程中注意保持了岗位工作内容的一致性，同时突出中职生层次的偏重操作技术特点，制作了详尽的技术说明和操作图解，并辅以视频光盘。教材语言力求做到层次清楚，语言简洁流畅，既便于学习者循序渐进地系统学习，又能能了解到染发技术的新发展。

本教材在编写过程中得到了多家专业机构的技术支持与帮助,同时也得到了多位行业专家的多方帮助,在此谨表示衷心的感谢。限于编者的学术水平,本教材的错误与不妥之处在所难免,敬请读者批评指正。

编　者

目录 CONTENTS

单元一　普通染发

单元导读 2
项目一　新生发染发 3
项目二　遮盖白发 22
项目三　发根补染 35

单元二　挑染

单元导读 50
项目一　锡纸挑染 51
项目二　挑染帽挑染 63

单元三　漂发

单元导读 78
项目一　全漂 79
项目二　挑漂 90

单元一 普通染发

单元导读

内容介绍

在当今追求时尚的潮流下,很多人希望通过改变发色来改变整体造型。染发是发型设计中不可缺少的元素,更是现代美发最常见的手段之一。它通过染发剂的作用实现不同效果、不同主题的发型设计。在"普通染发"单元中,同学们将学习基础染发理论和新生发染发、遮盖白发、发根补染3种基本染发技术。

单元目标

①能够表述染发的原理。
②能够表述染发色板的使用方法。
③能够根据染发要求,选择不同种类的产品完成染膏调配。
④能够叙述染发产品的涂放操作步骤,并能独立完成涂放操作。
⑤能够利用正确的方法完成新生发染发的完整步骤。
⑥能够利用正确的方法完成遮盖白发的完整步骤。
⑦能够利用正确的方法完成发根补染的完整步骤。

动手实践能够使学生积极参与教学活动,提高学生的学习兴趣,了解染发工作流程和基本要求,树立安全、卫生、服务意识。

项目一 新生发染发

项目描述：

新生发染发（见图1-1-1）是初学者必备的一项专业技能，也是染发技术当中最基本的技能，学习者只要掌握一些染发基本知识与操作手法便可以加以练习。

图1-1-1

工作目标：

①能够清楚表述染发原理的概念。

②能够独立完成染发色板的识别与使用。

③能够表述染发产品与工具的相关知识。

④能够完成皮肤测试，依据要求制定染发方案。

⑤能够依据设计方案运用相应的染发产品及工具进行操作。

⑥能够独立完成同色度颜色的操作。

⑦能够独立完成染深颜色的操作。

⑧能够独立完成染浅颜色的操作。

⑨通过动手实践能够使学生积极参与教学活动，依据染发岗位工作流程和基本要求进行训练，培养学生安全、卫生等方面的职业能力及素养，树立学生以人为本的服务意识。

一、知识准备

（一）色彩原理知识

1. 三原色原理及显色过程

颜色是由物体反射或透过的光波通过视觉产生的印象。颜色的纯度和明度叫作色度。反应颜色的冷暖叫作光感。掌握颜色的基本理论，对提高漂染技术、创造丰富多彩的发型具有重要意义。

任何颜色都是由红色、黄色、蓝色3种颜色按不同比例混合而成的，所以称红色、黄色、蓝色为三原色。

（1）一等色（三原色）

红色、黄色、蓝色如图1-1-2所示。

图1-1-2
(a)红色；(b)黄色；(c)蓝色

（2）二等色（三副色）

橙色、绿色、紫色如图1-1-3所示。

等量的红色+黄色=橙色；

等量的蓝色+黄色=绿色；

等量的红色+蓝色=紫色。

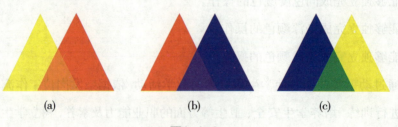

图1-1-3
(a)橙色；(b)绿色；(c)紫色

（3）三等色

将等量的一等色和二等色混合，即成三等色。

一等色 + 二等色 = 三等色；

黄色 + 绿色 = 黄绿色；

黄色 + 橙色 = 橙黄色；

蓝色 + 绿色 = 蓝绿色；

蓝色 + 紫色 = 蓝紫色；

红色 + 紫色 = 紫红色；

红色 + 橙色 = 橙红色。

（4）对冲色

红色、黄色、橙色统称为暖色，蓝色、绿色、紫色统称为冷色，当冷色和暖色放到一起时，会形成中间色棕色。

绿色 + 红色 = 棕色；

紫色 + 黄色 = 棕色；

蓝色 + 橙色 = 棕色。

橙色是蓝色的对冲色；

紫色是黄色的对冲色；

绿色是红色的对冲色。

黄橙色对冲蓝紫色；

红橙色对冲蓝绿色；

红紫色对冲黄绿色；

蓝绿色对冲红橙色；

蓝紫色对冲黄绿色；

黄绿色对冲红紫色。

2. 色板介绍

表达颜色的方法有很多种，在国际市场上占主导地位的是数字颜色编码系统，大多数专业美发厂采用该系统。

（1）色度

色度是用来表示头发所含黑色素多少的指标，不同的色度显示了头发不同的深浅度。一般把头发分成10个色度，分别用数字1~10来表示。

1~10分别代表的色度为：

1度—深黑；2度—自然黑；3度—深棕；4度—棕色；5度—浅棕；6度—深金；7度—金色；8度—浅金色；9度—浅浅金；10度—极浅金。

数字越小，头发所含黑色素越高，头发颜色越深；反之，数字越大，头发所含黑色素越少，头发颜色越浅。

中国人的头发色度一般为1~3度，最常见的为2度，因此2号色又被称为自然黑。欧洲人的头发色度一般为4~6度。

（2）色调

色调决定一种颜色表现出来的具体色彩。色调也用数字表示：

1—灰蓝；2—紫；3—金黄；4—铜；5—枣红；6—红；7—绿。

（3）色码识读举例

染膏颜色色码4.6：4表示颜色的色度是4度，即棕色；6表示颜色的主色调是红色。4.6染膏的颜色是红棕色。

染膏颜色色码5.36：5表示颜色的色度是5度，即浅棕色；3表示颜色的主色调为金黄色；6表示颜色的副色调为红色。5.36染膏的颜色是浅红金黄棕色。

（4）加强色

加强色只有色调，没有色度，每一种色调都有自己的加强色。加强色包括橙色、红色、黄色、蓝色、紫色、灰色。

加强色分为冷色和暖色。冷色包括蓝色、紫色、灰色；暖色包括橙色、红色。冷色主要是减低橙色、黄色，暖色主要是加强色泽。

加强色可与其他颜色一起使用，可加强其他颜色的偏向性；也可以单独使用，使颜色明亮、鲜艳、动感、前卫、时尚。在与其他颜色一起使用时，加强色的分量不得超过颜色总分量的20%。

（二）染发产品知识

1. 染发产品的分类

（1）暂时性染发剂

暂时性染发剂是指只洗一次就可除去染在头发上的颜色的染发剂。这些染发剂的颗粒较大，不能通过头发表层进入发干，只保持在头发表面，形成着色覆盖层，如彩色喷发胶、彩色摩丝等。

（2）半永久性染发剂

这种染发剂不含阿摩尼亚的染料，不需使用双氧水，不会损伤头发，并只能显现同一色调或只增加暖色调效果（人工麦拉宁不与天然的麦拉宁溶合），一般洗6~12次就褪色。半永久性染发剂涂于头发上，停留20~30分钟后，用水冲洗掉，即可使头发上色。其作用原理是相对分子量较小的染料分子渗入头发表层，因此比暂时性染发剂耐洗，近年来较为流行，如彩色焗油膏等。

（3）永久性染发剂（植物永久性、金属永久性、氧化永久性）

植物永久性染发剂：利用从植物的花茎叶中提取的物质进行染色，价格高，在国内较少使用。

金属永久性染发剂：以金属原料进行染色，其染色物质主要沉积在发干的表面，色泽较暗淡，易使头发变脆，染发的效果较差。

氧化永久性染发剂：为市场上的主流产品，不含一般所说的染料，而是含染料中间体和耦合剂。这些染料中间体和耦合剂渗入头发的表层后，发生氧化反应、耦合和缩合反应，形成较大的染料分子，被封闭在头发纤维内。由于染料中间体和耦合剂的种类不同，含量比例有差别，故产生不同的色调产物，各种色调产物组合成不同的色调，使头发染上不同的颜色。由于染料大分子是在头发纤维内通过染料中间体和耦合剂小分子的反应生成，因此，在清洗时，染料大分子不容易通过毛发纤维的孔径被冲洗掉。三类染发剂的效果如图1-1-4所示。

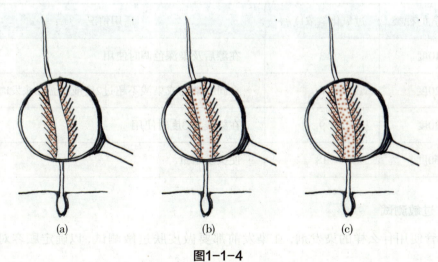

图1-1-4

（a）暂时性染发剂的效果；（b）半永久性染发剂的效果；（c）永久性染发剂的效果

氧化永久性染发剂主要由染色剂、显色剂（双氧水）两部分组成，只有两部分按科学比例混合才能染出好的发色。

2. 双氧乳

双氧乳的主要成分为过氧化氢，即双氧水。过氧化氢是氧和氢的化合物，化学符号是 H_2O_2，由于 H_2O_2 比 H_2O 多1个氧原子（O），所以称为过氧化氢，即双氧水，在其中加入一定的乳化剂制成乳液，又叫双氧乳。

（1）双氧水的含量对染发的影响

双氧水的含量直接影响染料中间体在染发过程中氧化反应的完全程度，如果含量偏低则氧化反应不完全，色泽比原定的浅，在其他介质的影响下，还有可能继续进行反应，导致染发后的色泽不稳定，达不到原定的效果。反之，含量偏高则氧化反应完全，但过氧化氢对头发既有氧化作用又有漂白作用，就可能发生氧化和漂白同时进行的情况，而且含量高将大大增加对头发角蛋白的破坏，加剧头发的损伤，同样达不到理想效果，而且上色后容易褪色。

（2）双氧乳的种类

按过氧化氢浓度的不同，双氧乳可分为10度（3%）、20度（6%）、30度（9%）、40度（12%）、60度（18%）等种类，见表1-1-1。

表1-1-1

双氧乳的种类	过氧化氢浓度/%	适用情况
10度	3	在漂后及染深色调时使用
20度	6	在同度染色或染浅不超过2度或覆盖白头发时使用
30度	9	在染浅2~3度时使用
60度	18	使头发增量

3. 过敏测试

不管使用什么样的染发剂，在染发前都要做皮肤过敏测试，以确定顾客对染发剂是否有过敏现象。即使以前曾经使用过相同的染发剂,在染发前也要做皮肤过敏测试,因为人对化学产品的适应度不是一成不变的,所以在染发前都要做皮肤过敏测试,以确保顾客的安全。

皮肤过敏测试的方法:取少量调配好的染发剂,用棉棒涂抹于耳后或手臂内侧,按照使用说明等待一段时间后,如皮肤出现红肿或发痒等症状,证明被测试者是过敏体质,不可染发,如没有异常即可染发。特别注意,孕妇或处于哺乳期的妇女禁止染发。

(三) 染发工具

染发工具主要包括客袍、围布、毛巾、手套、染膏、染膏碗、染发刷、护肤霜、去色纸巾、耳罩、双氧乳、尖尾梳、夹子、色板、锡纸、电子秤等。

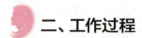

二、工作过程

(一) 工作标准(见表1-1-2)

表1-1-2

内容	标 准
准备工作	工作区域干净、整齐,工具齐全、摆放整齐,仪器设备安装正确,个人卫生、仪表符合工作要求
操作步骤	能够独立对照操作标准,准确使用技法,按照规范的操作步骤完成实际操作
操作时间	在规定时间内完成任务
操作标准	染发剂调配比例正确,手法熟练
	涂抹均匀,手法正确,发片的宽度、厚度一致
	染后发色均匀,接近目标色
	工具摆放合理,保护措施到位,视觉效果舒服,符合设计方案要求
整理工作	工作区域整洁、无死角,工具仪器消毒到位、收放整齐

（二）关键技能

1. 保护措施

围深色毛巾

由后向前，先包裹整个衣领部位，直至将顾客肩部以上衣物全部遮盖。

注意：衣领部位应包裹紧实、严密、无松脱。胸前对接缝与人体中心线对齐，毛巾左、右两端对称，底边呈水平线，整体效果平整服帖、无明显褶皱。

围染发专用围布

充分打开围布，由前向后将围布搭在顾客肩部，在顾客后颈部连接搭扣或挂钩，同时将围布左、右两端调整对称，直至将顾客上半身衣物全部遮盖。

注意：连接搭扣或挂钩时拉扯力度适中，连接完毕后应在围布与顾客颈部之间留一至两根手指宽度的空间，或询问顾客对舒适度的要求后调整围布的松紧程度。衣领部位包裹充分，搭扣或挂钩连接牢固，顾客感觉松紧适中。围布左、右两端对称，底边呈水平线。整体效果平整服帖，无明显褶皱。

皮肤过敏测试

先检查顾客的头发与头皮状况。

调取少量即将使用的染色剂（指甲盖大小）涂抹到顾客耳后的皮肤上。

到规定的时间后，观察皮肤是否有红肿等过敏现象。

注意：如有过敏现象应立即终止操作，并及时告知顾客可能产生的不良后果。

涂抹隔离霜

用夹子把前额的头发完全夹紧,露出清晰的发际线。

沿发际四周均匀涂抹隔离霜,涂抹时力度轻柔并随时询问顾客感受。

注意:在涂抹隔离霜时,不要涂抹到发根上,以免染发剂不能充分进入发体内。

2. 调配染发剂

量取染膏

把60mL染膏全部挤入染膏碗中。

用染膏挤压器把剩余的染膏挤入染膏碗中。

量取双氧乳

量取60mL双氧乳。

注意：量取双氧乳时，应随时仔细观察产品与计量刻度间的等量状态，要取量准确。

混合染发剂

将适量的染膏倒于染膏碗中。

将适量的双氧乳倒入盛有染膏的染膏碗中。

用染发刷将染膏与双氧乳搅拌均匀。

注意：搅拌时随时观察染发剂的混合状态，直至染膏碗中的双氧乳与染膏充分混合，混合的染发剂中不能存有未被混合的染膏颗粒。

3. 分发区

梳理头发

用宽齿发梳梳理头发，自发根向发梢分区、分段梳理，以梳开所有发结，使头发通顺。

注意：梳理头发时力度适中，以免拉扯发根给顾客造成疼痛感。梳齿接触到头皮时要特别小心，以免造成头皮损伤导致后续工作终止。

左、右区

利用发梳由前额发际线中点向后发际线中点划开,形成左、右两侧对称的发区。

前、后区

从一侧耳顶经过头顶最高点至另一侧耳顶划开,形成前、后两个发区。

注意:利用发梳分划发区时,梳齿贴住头皮,力度要轻,以免划伤头皮。发区分界线要清晰、无歪斜。发区两侧应对称、无歪斜。

4. 涂抹染发剂

涂抹头后部发区

从头后部发区最低的一片头发开始涂抹,直至完成头后部发区的涂抹。

注意:分挑发片薄厚控制在1cm。利用手掌托住分挑出的发片,第一下要涂抹在发片横向的中部距发根2~3cm处。因为染发刷从染膏碗取出时,染发刷上染发剂较多,所以不要离发根太近,因为染发剂会向上渗透,头皮区域温度较高会使发根颜色变浅。

涂抹发区分界线部位

先将所有发区分界线周围的头发涂抹染发剂，这样可以使发区边沿线部位的头发全部着色并使原已分好的发区更加清晰。

注意：染发剂要从距离发根2~3cm处涂抹至发梢。染发刷竖起使用，横向涂抹。

涂抹全头

每一发区按照由下至上的顺序进行涂抹，直至全头涂抹完毕。

注意：涂抹染发剂时，染发刷要对发片施加压力，这样可以使染发剂充分附着到头发上。
动作要熟练，不要拖延时间，否则染发剂在头发上反应时间长短不一，会造成颜色不均。

停放等待

涂抹染发剂后，根据产品说明设定停放时间，停放期间可以为顾客提供饮料、零食、报刊等或与顾客聊天，不要让顾客感觉无聊。

调配新鲜染发剂

重新调配新鲜染发剂进行涂抹。

涂抹发根部位

首先将短发全部涂上染发剂。

可以稍微用力，帮助染发剂附着在头发上，一些细小的毛发也要涂抹上。

挑起一片头发，横向握住染发刷，纵向移动涂抹第一发片的正面发根。

挑起第一片头发后将其充分打开，露出第一片头发发根的背面和第二片头发发根的正面，同时涂抹这两片发根。

按上述方法从后向前涂抹全部发根。

注意：从发根到发梢按顺序涂抹染发剂。分挑发片要薄，染发剂不要过量，以免发根颜色变浅。可竖刷发片。

检查涂抹效果

全部涂抹完毕后将发片一一挑起,观察涂抹效果,仔细检查是否有遗漏。

注意:检查发根颜色衔接部位的涂抹效果,着重观察耳顶、发际线边缘细小的部位。

5. 染后洗发

将顾客移至洗头盆前

将顾客移至洗发区域,协助顾客调整至舒适的洗发姿势。

乳化

先用少量温水将头发上的染发剂稀释,五指轻轻揉捏头皮进行乳化。

注意:加水要适量。揉捏动作力度适中,直至头上的染发剂变为黏稠糊状。不要将染发剂沾到发际线以外的皮肤上。

清洗

用温水冲洗,再使用染后洗发水进行清洗。

注意:边清洗边观察头发及头皮的清洁状况。着重清洗后脑部位的头发及头皮。

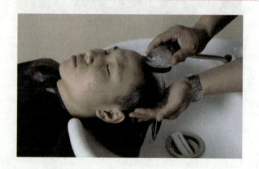

清除残留染色痕迹

用专业去色膏和去色纸巾进行擦拭，清除部分残留的染色痕迹。

注意：清除时力度适中，过度用力会导致顾客的皮肤受损。

（三）操作流程

接待顾客

与顾客进行沟通交流，观察顾客的年龄、肤色，询问顾客的要求、喜好及基本信息，针对顾客的要求给予适当的建议，最终确定染发颜色和操作方案。

调配染发剂

根据染发方案调配染发剂。

保护措施
按操作规程完成围围布、皮肤过敏测试、涂抹隔离霜等保护措施的操作。

分区
将顾客头发分成4个发区。

涂抹染发剂
分两次将染发剂均匀涂抹在头发上。

染后洗发
按操作技术规范完成染发剂的乳化和清洗。

整理造型

根据顾客需求可进行修剪、吹风造型等收尾工作。盘点用品，整理工具、工作区域，为接待下一位顾客做好准备。

 三、学生实践

（一）布置任务

1. 新生发染发前的准备工作

在美发实训室，时间为40分钟，两人一组进行新生发染发前的准备工作。

思考问题：

①为何要把顾客安全放在首位？

②新生发染发的工作流程是什么？

③为什么要分阶段涂抹染发剂？

④应该怎样保护自己的手？

2. 新生发染发操作

在美发实训室，时间为3小时，两人一组进行新生发染发操作。

思考问题：

①如何选择双氧乳？

②色板中哪些颜色属于深色？

③你制定的方案是什么？

(二)工作评价(见表1-1-3)

表1-1-3

评价内容	评价标准			评价等级
	A(优秀)	B(良好)	C(及格)	
准备工作	工作区域干净、整齐,工具齐全、摆放整齐,仪器设备安装正确,个人卫生、仪表符合工作要求	工作区域干净、整齐,工具齐全、摆放比较整齐,仪器设备安装正确,个人卫生、仪表符合工作要求	工作区域比较干净、整齐,工具不齐全、摆放不够整齐,仪器设备安装正确,个人卫生、仪表符合工作要求	A B C
操作步骤	能够独立对照操作标准,使用准确的技法,按照规范的操作步骤完成实际操作	能够在同伴的协助下,对照操作标准,使用比较准确的技法,按照比较规范的操作步骤完成实际操作	能够在老师的指导和帮助下,对照操作标准,使用比较准确的技法,按照比较规范的操作步骤完成实际操作	A B C
操作时间	在规定时间内完成任务	在规定时间内,在同伴的协助下完成任务	在规定时间内,在老师的帮助下完成任务	A B C
操作标准	染发剂调配比例正确,手法熟练	染发剂调配比例正确,手法一般	染发剂调配比例正确,手法差	A B C
	涂抹均匀,手法正确迅速,发片的宽度、厚度一致	涂抹均匀,发片的宽度、厚度一致	涂抹均匀	A B C
	染后发色均匀,接近目标色	染后发色均匀	染后发色不均匀	A B C
	工具摆放合理,保护措施到位,视觉效果舒服,符合设计方案要求	工具摆放合理,保护措施到位,符合设计方案要求	工具摆放合理,保护措施到位	A B C
整理工作	工作区域整洁、无死角,工具仪器消毒到位、收放整齐	工作区域整洁,工具仪器消毒到位、收放整齐	工作区域较凌乱,工具仪器消毒到位、收放不整齐	A B C
学生反思				

四、知识链接——颜色的作用

1. 视觉

色彩是如何走进人们的生活的呢?颜色是一种视觉上的感受,它通过人的视觉器官形成信息,反映到人的头脑中,产生种种色感。视觉是人类认识世界的开端,来自自然界的一切视觉现象,如物体、形状、空间的区分,都是由颜色和明暗关系来反映的,因此,颜色在人们的生活和工作中具有非常重要的意义。

2. 颜色对人的情感的作用

在生活中,颜色与人的情感的联系是密不可分的,它能够唤起人们心底深处的记忆,以及对个人的经历、熟悉的事物和大自然的感触。因此,颜色是表达自我情感最好的方式,可以用颜色为个人生活增添情趣、展现个性。

3. 颜色对发型的作用

人们往往利用对大自然的认识和审美规律,以及颜色在生理和心理上所产生的效果来进行发型设计的。颜色是发型设计的重要表现手段,在每一个发型设计作品中,设计者只有将自己的思想感情和创造才能融入其中,运用各种手法与技巧,通过造型与颜色的组合,才能使作品的艺术感染力得到充分发挥,使作品达到理想的效果,从而表现出发型设计的主题。

项目二 遮盖白发

项目描述：

遮盖白发（见图1-2-1）是染发中最常见的工作项目，也是出现问题最多的染发项目之一。为了提升染发水平，本项目专门讲解如何遮盖白发。

图1-2-1

工作目标：

①能够按要求选择相应的染发产品与工具。

②能够叙述遮盖的操作步骤。

③能够使用正确方法完成遮盖的操作流程。

④能够叙述彩色染发同时遮盖白发的操作步骤。

⑤能够使用正确方法完成彩色染发同时遮盖白发的操作流程。

⑥通过动手实践能够提高学生的学习兴趣，使学生了解本职工作的价值体现，培养学生热爱工作，热爱岗位，针对技术精益求精等职业素养。

一、知识准备

(一) 发色知识

1. 天然色素与人工色素

（1）天然色素

头发颜色的深浅由头发皮层中色素粒子的颜色、数量及分布情形决定。头发的色素粒子分黑、棕、红、黄4种颜色，黑发是因头发中含有大量黑、棕色素粒子，而白发则因头发中缺少或没有色素粒子。黑、棕色粒子含量多，头发呈现的颜色较深，反之，头发的颜色则较浅。色素粒子的分布见表1-2-1。

表1-2-1

浅亚麻色头发	少量黑、棕色素粒子	少量黄、红色素粒子
深亚麻色头发	较多黄、红色素粒子	较多黑、棕色素粒子
深褐色头发	较多黑、棕色素粒子	少量黄、红色素粒子
自然红色头发	少量黑、棕色素粒子	较多黄、红色素粒子

头发的颜色因人种不同有黑、棕、红、铜等色，但并非毛发内部含有各种颜色，其色差是由黑色素的不同决定的。

通常，按毛发中黑色素量的多少，发色依次呈黑色、棕色、红色、铜色、白色。即使黑色素的数量相等，但因色素颗粒的大小不同发色也会有所变化。色素颗粒较大的趋黑，色素颗粒较小的偏红或铜色。色素颗粒较多又大，吸收阳光后呈现黑色。反之，色素颗粒少且偏小，反射阳光后偏白色。

黑色素分为黑棕色系的"优黑色素"和黄红色系的"次黑色素"两种。实际呈现的发色正是由这两种色素颗粒的多少和大小来决定的。

亚洲人的毛发含有大量的优黑色素，同时含也有少量的次黑色素。其毛发颜色的特点为黑色中带有黄红色。欧美人的毛发中几乎不含优黑色素且含有大量的次黑色素，故其毛发呈现黄红色。

（2）人工色素

人工色素可用来改变人的头发颜色，为发式造型增加立体效果。

2. 白发产生的原因

白发是黑色素细胞、黑素体较少或酪氨酸酶活性降低所致。老年人头发变白是一种生理现象，是由于黑色素细胞中酪氨酸酶活性丧失而使毛发干中黑色素消失所致。灰发中黑色素细胞数量正常，但黑色素减少，而白发中黑色素细胞数量也减少。

头发所含的黑色素是带色的颗粒。它们由黑色素细胞吸取一种名叫"酪氨酸"的蛋白质，经过酪氨酸酶的化学作用，成为褐黑色的粒子。这种黑色素的多寡、分布的不同，产生了形形色色的头发颜色。人老以后，全身机能日趋衰退，黑色素生成的功能也逐渐减弱。老年人体内的酪氨酸酶虽还照常出现，但它的活力已经下降，不能旺盛地生产黑色素。此外，制造黑色素的"母机"——黑色素细胞的减少，以及黑色素颗粒的日渐消失，使乌黑的头发成为灰白色。如果黑色素完全消失，或者在满含黑色素的细胞内钻进一些空泡，那么头发就会完全变白。

营养不调、蛋白质缺乏也可导致毛发的黑色素减少，变为褐色或灰色。缺少必需的脂肪酸，也可使发色变淡。缺少维生素B12、叶酸、对安息香酸等，可使发变为灰白。缺少微量元素铜、钴、铁等可导致白发。食糖过多，可使毛发枯黄。性腺功能减退可引起早生白发。

中医认为，青壮年人血气方刚，易激动，肝火旺盛，耗伤肝阴，造成阴血不足；中年人所思不遂，肝气郁结，横逆犯脾，脾之运化失司，气血生化不足；或先天肾之精气不足，或由于久病、年老体虚、耗伤精气，精虚不能化生阴血，肝血不足，以上都能导致毛发失去濡养，头发早白。

（二）遮盖白发基础知识

1. 遮盖白发的操作要求

遮盖白发分为染"流行色"与染"自然黑色"两种，顾客白发比例不同，所用的染发剂配方、操作的方式也不同。要想达到良好的遮盖白发效果，应注意以下几点。

（1）必须使用过氧化氢浓度为6%的双氧乳

因为过氧化氢浓度为6%的双氧乳有颗粒大、覆盖性好、穿透力强3个特性，因此它进入头发皮层较容易，遮盖白发的效果较好。而9%、12%的双氧乳只有染浅的功能。

（2）白发比例在50%以上时，需用4度内的染膏

白发的数量不同，所需要的色素总数也不同，而色素总数不同，会影响遮盖白发的效

果。如果白发比例为50%～60%，要用4度内的染膏；白发比例为60%～70%，要用3.5度内的染膏；白发比例为70%～80%，要用3度内的染膏；白发比例为80%，要用2度内的染膏；白发比例为90%，要用1度的染膏。

只要超出了以上范围，即使白发能染成黑色，也要作预染。例如：白发比例为70%，要染5度黑色，并不在3度范围内，则表示5度的色素量不够，所以要作预染，再上5度目标黑色，染出来的头发才不容易褪色，持久性较好。

（3）染发剂调配

白发比例在30%以下：1份染膏+1份过氧化氢浓度为6%的双氧乳，不用添加任何基色。

白发比例在30%～50%：一份目标色的基色+1份目标色+2份过氧化氢浓度为6%的双氧乳。

白发比例在50%以上：一份目标色的基色+1份目标色+2份过氧化氢浓度为6%的双氧乳。

如果白发比例比较小，染发时就可以直接使用目标色，反之，则需要使用基色+目标色。白发比例在50%以下时需2份目标色+1份基色，50%以上需1份目标色+1份基色，才能达到理想的效果。

（4）遮盖白发操作

应先从白发最多的地方开始施放染发剂，多涂抹，少梳刷。发根留2cm，先涂发中、发梢，再涂发根。停放时间必须充分，自然停放不少于40分钟。

2. 染发色彩选择应考虑的要素

（1）顾客的要求

在染发前要与顾客有足够的沟通，首先向顾客展示色板，观察染发剂的颜色及名称与号码，然后将顾客的头发与色板上的近似颜色作比较，了解头发的底色，询问顾客所需要的颜色，决定是否要采用顾客所选择的颜色或向顾客提出建议，采用更适合顾客的颜色。为顾客选色时应注意以下几点：

①一定要在光线充足的地方，不能在光线不足的房间里选择颜色，因为光线不足很难看清头发的颜色，最好在日光下观察顾客头发的颜色。

②湿发时头发显得黯黑，必须在顾客头发完全干的时候判定原发色。

③将顾客头发轻轻撩起，仔细观察，头发并非全部为一种颜色，要取平均发色作为标准。

（2）顾客的性格和肤色

根据顾客的肤色选择颜色，必须配合顾客的性格、年龄、衣着与生活方式。适合顾客肤色的发色看起来比较协调。年轻的顾客皮肤润泽，没有皱纹，而年纪较大的顾客面部缺少光泽、面颊不够红润，故年轻人可以有更多的颜色选择，老年人可选择的颜色较少，灰色或深色会使老年人显得更老。

（3）原有的发色、发质

所有的合成色都是由一种或多种主色形成的，以蓝色为主色的染发剂在带有黄色色素的头发上会产生绿色，红色调染剂在黄色头发上会产生橙色，所以染发时，必须要考虑顾客头发原有的颜色，也就是常说的头发底色。同时在染发前还要观察顾客白发的比例，以确定基色与目标色染膏的比例。

（4）头发的健康状况

头发的健康状况也会对染发剂的反应产生较大影响。多孔性的头发会以不同的方式吸收染发剂。头发上的"孔"不会均匀分布在发干上，更不会均匀分布在整个头发上。原因在于头发的多孔性与受损的毛表皮区域有关。发干上毛表皮断裂或甚至没有毛表皮的部位，就是多孔的部位。由于这些部位少了表皮层的保护，水氧或化学物质很容易进入头发内部，如图1-2-2所示。此情况会改变头发吸收染发剂的速度，继而影响染色效果的均匀度及颜色的耐洗性。

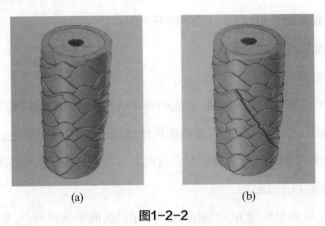

图1-2-2
(a) 健康的毛表皮；(b) 受损的毛表皮

3. 发束测试

发束测试是为了确定染发所需要的时间，及观察色彩在头发上所呈现的状况，以确定所需要的颜色。发束测试的方法如下：

第一步：混合等量的染膏和双氧乳。

第二步：将混合好的染发剂涂在一片发束上，让染发剂停留在头发上，一直到显现所需要的颜色为止。

第三步：清洗，待干燥后检查发束，如果颜色比较理想，则可进行染发工作。若颜色与理想差距太大，则另外选色，并重新作发束测试。

（三）染发产品知识

氧化永久性染发剂主要由下列物质组成。

（1）染料中间体

氧化永久性染发剂所用的主要染料中间体几乎都是苯的衍生物。苯的衍生物具有容易被氧化的性质。染料中间体被氧化后能直接显色。可作氧化永久性染发剂的染料中间体有近30种，市场上常用的约有10种。这类染料中间体最重要的化合物主要有对苯二胺、对氨基苯酚等。

（2）耦合剂

耦合剂主要也是苯的衍生物。此类苯的衍生物具有不容易被双氧水氧化，但可与染料中间体的氧化产物耦合或缩合，生成各种色调的染料的特性。耦合剂与染料中间体的区别为，染料中间体易氧化，能直接显色，耦合剂不易氧化，不直接显色，而是通过与染料中间体的氧化产物耦合或缩合后才显色。

（3）碱化剂

大多数氧化永久性染发剂的碱化剂使用的都是氨水，它有较高的碱性和强烈的刺激气味。添加碱化剂主要是因为染料中间体的氧化反应必须在较强的碱性条件下进行。只有在碱性条件下，头发才能膨胀和软化，从而打开毛鳞片，以便染料中间体和耦合剂更好地扩散渗透进皮层。

（4）氧化延迟剂

当头发用染料基质和氧化剂基质处理时，头发开始膨胀，同时染发剂形成较大的染料分子。这些染料分子直径较大，不会渗透进入头发和使头发染色。只有耦合剂与染料中间体渗透进入发干后，才进行氧化，然后在发干内形成较大的染料分子，这些染料分子被封闭在发干内，从而使头发染色。因此，如果氧化作用太快，没有足够的耦合剂与染料中间体渗透进入头发内部，则产生的颜色较浅、不均匀、不饱满。

（5）其他

氧化永久性染发剂还含有胶凝剂、增稠剂、表面活性剂、调理剂、黏合剂、香精等。

二、工作过程

（一）工作标准（见表1-2-2）

表1-2-2

内容	标准
准备工作	工作区域干净、整齐，工具齐全、摆放整齐，仪器设备安装正确，个人卫生、仪表符合工作要求
操作步骤	能够独立对照操作标准，准确使用技法，按照规范的操作步骤完成实际操作
操作时间	在规定时间内完成任务
操作标准	染发剂调配比例正确，手法熟练
	涂抹均匀，手法正确，发片的宽度、厚度一致
	染后发色均匀，接近目标色
	工具摆放合理，保护措施到位，视觉效果舒服，符合设计方案要求
整理工作	工作区域整洁、无死角，工具仪器消毒到位、收放整齐

（二）关键技能

遮盖白发

遮盖白发：目标色染膏+比例正确的双氧乳混合使用。

注意：根据产品使用说明书按比例调配染发剂。如果白发较多，头发性质较顽固，应预先作打底处理。

彩色染发同时遮盖白发

彩色染发同时遮盖白发：（彩色目标色染膏+等同白发量的基色染膏）+比例正确的双氧乳混合使用。以产品说明调配比例为1∶1为例，如果顾客选定目标色为4度棕红色并且有20%白发，那么调配公式为：

$$80\%4度棕红色染膏+20\%4度基色染膏+100\%双氧乳充分混合$$

注意：根据顾客白发量以及目标色来设定染发剂调配比例。应根据目标色的深浅度选择双氧乳的浓度进行调配。调配染发剂时要根据顾客的头发长度及染发项目的需要来定量，不能盲目操作，按标准提取用量，既能保证染发效果还可以避免浪费。

（三）操作流程

接待顾客

与顾客进行沟通交流，制定本次服务流程的操作方案。

观察顾客的年龄、肤色，询问顾客的要求、喜好及基本信息。

针对顾客的要求给予适当的建议，最终确定染发颜色和操作方案。

保护措施

按操作规程完成围围布、皮肤过敏测试、涂抹隔离霜、戴耳罩等保护措施的操作。

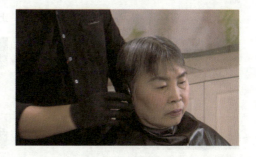

调配染发剂

调配比例：根据产品使用说明书的要求，按比例调配染发剂。

注意：调配时要用发刷不断挤压染发剂的颗粒，使之充分混合成糊状。

分区

将顾客的头发分为前、后、左、右4个区域，用发夹固定。

在4个分区边缘涂抹染发剂

用染发剂把4个分区的边缘充分涂抹，使4个分区的边缘更加清晰。

涂抹底部发区短发

将发区底部的短发全部涂抹上染发剂。

注意：涂抹发际线边缘的时候，染发剂的涂抹量不要过多，以防止染发剂滴落在发际线外的皮肤上。细小的白色发根也不能遗漏。

涂抹发片

将染发剂均匀涂抹在头发上,检查涂抹效果,严格控制停放时间。

用手指托住发片,均匀涂抹,直至涂抹完全。

注意:发片不能过厚,太厚影响涂发的效果;每次蘸起染发剂的量不能过多,否则会导致沾在头皮上的染发剂过多。

记录染发剂的反应时间

准确记录反应时间,使染色剂与头发充分发生反应。

注意:此时可以给顾客提供报刊。

染后洗发

按操作技术规范,完成染发剂的乳化和清洗。

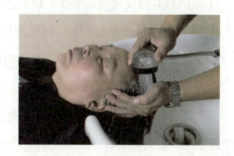

检查各个部位的染色效果

首先,沿前额发际线的边缘仔细检查一遍,再转至侧后面,观察耳廓周围到后发际线有没有未染到的地方。

整理造型

根据顾客的需求可进行修剪、吹风造型等收尾工作。盘点用品,整理工具和工作区域,为接待下一位顾客做好准备。

三、学生实践

(一) 布置任务

活动1:邀请一位老年人,为其遮盖白发。在美发实训室,根据染发要求,两人一组进行染发练习。

思考问题:

①你的顾客白发比例是多少?(做记录)

②保护措施是否做好?染发剂配比是否合适?

③染发时的操作流程是什么?染发时动作是否规范?

④清洗要点是否掌握?

活动2:一位白发比例为20%的顾客进店,要求遮盖白发并染成棕红色。请为他制定一个详细的染发方案。

(二) 工作评价 (见表1-2-3)

表1-2-3

评价内容	评价标准			评价等级
	A(优秀)	B(良好)	C(及格)	
准备工作	工作区域干净、整齐,工具齐全、摆放整齐,个人卫生、仪表符合工作要求	工作区域干净、整齐,工具齐全、摆放比较整齐,个人卫生、仪表符合工作要求	工作区域比较干净、整齐,工具不齐全、摆放不够整齐,个人卫生、仪表符合工作要求	A B C

续表

评价内容	评价标准			评价等级
	A（优秀）	B（良好）	C（及格）	
操作步骤	能够独立对照操作标准，使用准确的技法，按照规范的操作步骤完成实际操作	能够在同伴的协助下，对照操作标准，使用比较准确的技法，按照比较规范的操作步骤完成实际操作	能够在老师的指导和帮助下，对照操作标准，使用比较准确的技法，按照比较规范的操作步骤完成实际操作	A B C
操作时间	在规定时间内完成任务	在规定时间内，在同伴的协助下完成任务	在规定时间内，在老师的帮助下完成任务	A B C
操作标准	遮盖均匀，头皮无痕迹，操作手法熟练，工具摆放合理，视觉效果舒服，符合设计要求	遮盖均匀，操作流程正确，工具摆放正确，能够按照设计要求操作	遮盖彻底，颜色大致均匀，工具摆放正确，能够完成操作流程	A B C
整理工作	工作区域整洁、无死角，工具仪器消毒到位、收放整齐	工作区域整洁，工具仪器消毒到位、收放整齐	工作区域较凌乱，工具仪器消毒到位、收放不整齐	A B C
学生反思				

四、知识链接——如何预防白发

1. 保持乐观

对生活持乐观的态度和保持愉快的情绪，有助于头发乌黑顺滑。即使遇到不顺心的事甚至不幸，也不要陷入绝境，因为这样不但于事无补，还会适得其反，甚至造成更大的不幸，增加白发的生长。

2. 加强营养

头发失去维持正常色素的营养供应也会变白。许多科学研究证明，维生素中的烟酸、对氨安息香酸、胡萝卜素、枸橼酸等，都对形成色素及其新陈代谢有重要影响。如果它们在吸收、贮藏、利用等方面发生障碍，青丝就能变成白发。在食谱中，不能长期缺少含维生素

B1、B2、B6、烟酸等的食物，否则，毛发就会由黑变灰，进而变白。近年来的科学研究还表明，缺乏某些微量元素，如铜、铁等，也能使头发变白。因此，为了防止产生白发，应注意从饮食调养入手，平常多吃富含维生素的豆类、蔬菜、瓜果、杂粮，以便全面摄取生成黑发的营养素。各种动物的肝脏含铜元素较多，番茄、马铃薯、菠菜也含有一定量的铜、铁等微量元素，应适当食用。当然，缺乏维生素而致白发者，亦可服用维生素B2、B6和复合维生素等药物，但并不能立竿见影，需要在医生的指导下坚持长期服用。

3. 治疗疾病

某些传染病和慢性局部病灶性炎症，如龋齿、扁桃体炎、化脓性鼻窦炎等，通过细菌作用和神经反射，也能引起白发。在内分泌方面，脑垂体、肾上腺和植物神经系统都与分泌促进形成黑色素的黑色兴奋激素的分泌功能密切相关。内分泌正常，分泌的黑色兴奋激素多，形成的黑色素就多，头发颜色也就较深；反之，白发就多。此外，性机能发育不全也能引起白发。因此，为了防止长白头发，对于上述疾病，须及早治疗。

4. 按摩头皮

为了防止产生白发，可坚持在早晨起床后和临睡前用食指与中指在头皮上画小圆圈揉搓头皮：先从额经头顶到后枕部，再从前额经两侧太阳穴到枕部。每次按摩1~2分钟，每分钟来回揉搓30~40次，以后逐渐增加到5~10分钟。这种按摩可加速毛囊局部血液循环，使毛乳头得到充足的血液供应，使毛球部的色素细胞营养得到改善，细胞活性增强，分裂加快，有利于分泌黑色素使头发变黑。

5. 勤梳头

勤梳头也是一种物理按摩法。隋代医学家巢元方在《诸病源候论》和《白发候》中认为，产生白发的根源是身体虚弱，营养不良，故有"千过梳头发不白"的说法，意即勤梳头可防止头发变白。这是有科学道理的。勤梳头，既能保持头皮和头发的清洁，又能加速血液循环，增加毛孔头的营养，从而达到防止头发变白的效果。

项目三 发根补染

项目描述：

头发的自然生长使染后的头发出现明显的色差。对新生的发根进行补染，使头发靓丽的颜色保持一致（见图1-3-1），是美发师在染发工作中的一项主要任务。如何染补发根，它的操作与普通染发有什么区别，可在本项目的学习中找到答案。

图1-3-1

工作目标：

①能够表述发根补染的方法。
②能够叙述发根补染的操作步骤。
③能够利用发根补染的方法完成发根补染工作项目的操作。
④通过动手实践提高对技术的了解程度，锻炼自己的专业学习能力，同时提升了对顾客包容、尊重，对友伴团结、协作的职业素养。

一、知识准备

（一）毛发生理知识

健康的头发每月生长1~2cm，但不会永久地生长下去，生长毛发的来源位于毛囊的底部,毛囊显示出周期性的活性,构成毛发生长的周期性。毛发的生长循环可分为3个阶段,即生长期、退行期和休止期,如图1-3-2所示。

生长期又称活动期,时间为2~6年,在此阶段毛发呈活跃增生状态,毛球下部细胞分裂加快,毛球上部细胞分化出皮质、毛小皮,毛乳头增大,细胞分裂加快、数目增多,在此阶段人会长出浓密而具有充分色泽的头发。在全部头发中,85%~90%的头发处于生长期。

退行期又称退化期,在生长期过后,头发便进入长2~3周的退化期。这时毛发积极增生停止,形成杵状毛,其下端为嗜酸性均质性物质。内毛根鞘消失,外毛根鞘逐渐角化,毛球变平,毛乳头逐渐缩小,细胞数目减少。在全部头发中,约有1%的头发处于退行期。

休止期又称静止期或休息期,时间约为3个月。在此阶段,毛囊渐渐萎缩,在已经衰老的毛囊附近重新形成一个生长期毛球,最后旧发脱落,随后一根新的、健康的头发会在该位置开始生长,重复整个周期。在全部头发中,处于休止期的头发占9%~14%。

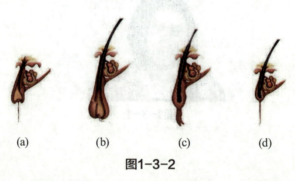

图1-3-2

(a)生长初期;(b)生长期;(c)退行期;(d)休止期

(二)染发基础知识

1. 涂抹染发剂的顺序

补染发根的顾客的发根、发中、发梢的状态差异很大。通过发质诊断可以看到,此时的头发,其发根为新生健康发,中间是已染发,发梢是已染的受损发。在这种情况下,如果用染发剂对各部位发质状况不一的毛发作一次性的涂抹,发根、发中、发梢会因"脱色速度"和"染色速度"不同而导致染色不匀。因此,正确的操作顺序是,先对距头皮2cm处至发中的头发进行涂抹,然后涂抹发根处,最后再涂抹发梢处。

染发剂作用于头发时,染色和脱色两个反应是同时进行的。反应的速度会受温度影响而变化。温度越高,染色和脱色的速度越快。离头皮1~2cm处,靠近头皮的发根涂抹染发剂后，头皮的温度会使染发剂的液温上升，染发剂的反应较快。因此，靠近头皮部位的发根比发中部位更容易染色和脱色。

发梢处因反复染色和日常梳理等易受到损伤。持续受损后，头发毛鳞片被剥离，毛皮质露出。毛皮质为亲水性，该部位容易受药剂的作用，且染发剂渗透性较高，所以发梢部位在短时间内即可上色。因此这一部位要最后涂抹。

中间部位相比于发梢部位的染发次数要少，损伤也小，接近健康毛发的状况；另外，在涂抹后的停放时间内，中间部位受体温的影响较小。所以，首先要涂抹比较难上色的距头皮2cm左右的发根部位以及中间部位，其次是涂抹受头皮温度影响的发根部位，最后涂抹容易上色的发梢部位。

2. 染发剂涂抹后的停放时间

染发剂涂抹后停放20～40分钟较为适当，即使超过40分钟脱色和染色效果也不会增加，反而会加大毛发的受损程度。用染发剂（氧化永久性染发剂）染发，如果停放时间不正确会发生染发失败，有时还会给毛发带来损伤。那么，为何会发生这样的情况呢？

和属于一般化妆品的半永久性染发剂不同，被界定为特殊化妆品的永久性染发剂在染发时，伴随着被称为"氧化"的化学反应。此氧化反应需要一定的时间，因此，染色时间和此时间相同。氧化反应受温度变化的影响，温度越高反应速度越快。

染发剂，特别是碱性染发剂，靠氧化染料的氧化耦合发色，同时因相同氧化而将黑色素分解而进行染发。该氧化耦合发色的黑色素分解需一定时间，染料的氧化耦合所需时间为20～40分钟。染发剂中的染料被氧化耦合后，即结束反应。

黑色素因氧化而分解，是以优黑色素为对象的。但是仅一次染发操作，黑色素并非全部分解。其反应到何种程度停止，由双氧水释放出的活性氧来决定。双氧水的活性氧释放也在20～40分钟内达到最高点，然后逐渐下降。因此黑色素分解的时间也为20～40分钟。超过以上时间，染色、脱色反应几乎停止，会形成过剩反应，导致毛发受损。

染发有时用保鲜膜覆裹的方法。保鲜膜的作用是使发根和发梢的温度相近，使染色均匀并保持染发剂不干燥，相当于加温。但一旦真正加温，氧化染料会发生急剧的氧化耦合，再难以获得均匀的染后色，还有导致头皮刺激或炎症等事故的危险，且黑色素的分解也被急速促进。因此不建议使用此方法。

如果通过使用比目标色的颜色更浓的染发剂来缩短操作时间，乍一看好像没有什么问题,其实染发剂尚未渗透至毛发内部且氧化耦合也不充分,会导致染后颜色的持久性差。

染发剂有用法及用量的规定,在每款产品包装都有说明。遵守使用产品说明书规定的用法、用量,特别是时间、温度、使用注意事项,进行正确操作,才能获得满意的染色效果。

3. 染后褪色的原因

褪色是指染发后头发的颜色变浅或变化的现象。从头发内在变化机理来分析,染后褪色的原因,可分为色素被分解、色素从毛发中流失两大类。

（1）色素被分解

染发剂中的耦合染料和氧化染料耦合后形成色素,产生从红到蓝的各种颜色效果。蓝-绿的冷色系色素,分子一般较大,特点是不容易从毛发中流失。但其分子内的发色结构容易吸收紫外线及热量而被断开、氧化,从而引起构造变化,发生褪色现象。

（2）色素从毛发中流失

耦合染料和氧化染料耦合形成的黄-红的暖色系色素,由于分子较小,在毛发内部的保存力较弱,会因清洗等引起色素流出,有褪色的倾向。特别是受损毛发,由于作为色素保存力中心的毛皮质中的间充物质已流失而呈多孔状态,有受损容易流出的倾向。

染发剂中的直接染料,自体为有色色素,与反应无关,根据和氧化染料或耦合染料的组合,以补充颜色为目的而被使用。该染料饱和度较高,有较容易获得期望颜色的优点。其缺点是分子较小容易流出,以及分子内的连接容易被光和热断开而褪色。

4. 染发工作中的手部皮肤护理

手指的皮肤被由皮脂和汗形成的天然膏体、呈弱酸性的皮脂膜保护着。在日常反复进行操作和洗发的过程中,皮脂膜会因染发剂、烫发液或洗发液等而丧失,加上碱性作用,皮肤表面角质层的角朊蛋白质和神经酰胺也会受到影响,使皮肤干燥或开裂。在此状态下,染发剂中各种各样的成分很容易进入皮肤,导致皮肤状态恶化,严重的会导致难以继续工作。这可以说是美发师的职业病。

作为有效的保护措施,在目前的情况下除坚持戴手套以外没有其他方法。多数美发师在涂抹染发剂的过程中都能坚持戴手套,但在冲洗过程中一些人却脱去了手套。因此,为了保护手指皮肤,务必在冲洗过程中也戴上手套。不过,应避免使用天然乳胶制的手套,因天然乳胶中含有乳胶蛋白质,也有引发炎症(即时性皮肤过敏反应)的可能。

项目三 发根补染

二、工作过程

(一)工作标准(见表1-3-1)

表1-3-1

内容	标 准
准备工作	工作区域干净、整齐,工具齐全、摆放整齐,仪器设备安装正确,个人卫生、仪表符合工作要求
操作步骤	能够独立对照操作标准,准确使用技法,按照规范的操作步骤完成实际操作
操作时间	在规定时间内完成任务
操作标准	染发剂调配比例正确,手法熟练
	涂抹均匀,手法正确迅速,发片的宽度、厚度一致
	染后发色均匀,接近目标色
	工具摆放合理,保护措施到位,视觉效果舒服,符合设计方案要求
整理工作	工作区域整洁、无死角,工具仪器消毒到位、收放整齐

(二)关键技能

1. 染发后补染发根

在发根涂抹染发剂

先涂抹发区边缘线部分,从中心线开始,沿分线部位涂抹染发剂。

按所分发区由后两区开始涂抹发根,发片的厚度为0.8~1cm。

注意:只涂抹新生发没有颜色的部分,在涂抹发根时,发刷均匀地将染发剂涂抹在发根上。第一下要直接往发根处涂抹,少沾一点染发剂,这样发根处不易堆积染发剂。依此方法将全头发根部位涂抹完毕。依据产品说明设定停放时间。

调配染发剂

将涂抹发根剩余的染发剂加15mL温水并充分混合或重新调配新鲜染发剂进行涂抹。

在发根至发梢涂抹染发剂

从发根到发梢按顺序涂抹染发剂。

注意：分发片时，发片的厚度不能超过1cm。涂发片时，手要垫在发片下面，染发刷用力将染发剂涂抹到发片上。按分区涂抹全头。依据产品说明设定第二次停放时间。可以用手轻揉头发，促进颜色吸收。

2. 超长发根补染

涂抹离发根1cm至发干中部的新生发

按所分发区由后两区开始涂抹离发根1cm至发干中部的新生发。涂抹完毕后，依据产品说明设定停放时间。

注意：发片的厚度为0.8～1cm。只涂抹发根1cm至发干中部的新生发没有颜色的部分。在涂抹时，发刷均匀地将染发剂涂抹在发干上，第一下要稍微向下。涂抹发片时，手要垫在发片下面，染发刷用力将染发剂涂抹到发片上。

从发根涂抹至发中

按比例重新调配相同的染发剂。

先涂抹发区边缘线部分,沿分区线部位涂抹染发剂。

按所分发区由后两区开始涂抹发根至发干中部。

将全头发根部位涂抹完毕后,依据产品说明设定停放时间。

涂抹发梢

将剩余的染发剂加15mL温水并充分混合。

从发根到发梢按顺序涂抹染发剂,按分区涂抹全头。

依据产品说明设定停放时间。

（三）操作流程

接待顾客

与顾客进行沟通交流，观察顾客的年龄、肤色，询问顾客的要求、喜好及基本信息，针对顾客的要求给予适当的建议，最终确定染发颜色和操作方案。

保护措施

按操作规程完成围围布、皮肤过敏测试、涂抹隔离霜等保护措施的操作。

梳理头发

先检查头发与头皮状况。
用宽齿发梳梳理头发。

调配染发剂

根据产品使用说明书要求，按比例调配染发剂。

项目三 发根补染

分区
共分为前、后、左、右4个发区。

涂抹染发剂
分次将染发剂均匀涂抹在头发上。

染后洗发
按操作技术规范，完成染发剂的乳化和清洗。

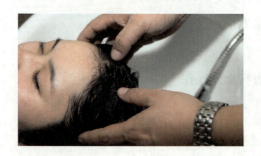 

整理造型
根据顾客的需求可进行修剪、吹风造型等收尾工作。盘点用品，整理工具、工作区域，为接待下一位顾客做好准备。

三、学生实践

(一) 布置任务

1. 染发后四周发根补染

在美发实训室,时间为40分钟,两人一组进行染前准备工作。

思考问题:

①为何要把顾客安全放在首位?

②你为顾客提供了哪些保护措施?

③四周发根补染的工作流程是什么?(做详细记录)

④为什么要分阶段涂抹染发剂?

2. 染发后三个月发根补染

在美发实训室,时间为3小时,两人一组进行染发操作。

思考问题:

①怎样帮顾客选择目标色?

②染发后发根和发干的颜色一致吗?

③在等待颜色氧化反应的过程中,你为顾客做了些什么事情?

④你的顾客头发长度是多少?用了多少染发剂?

3. 发根补染

在美发实训室,时间为3小时,两人一组进行染发操作。

思考问题:

①此项目的操作流程是什么?

②调配染发剂时,如何选择双氧乳?

③色板中哪些颜色属于深色?

④发根补染的效果怎么样?(拍摄照片)

(二)工作评价(见表1-3-2)

表1-3-2

评价内容	评价标准			评价等级
	A(优秀)	B(良好)	C(及格)	
准备工作	工作区域干净、整齐,工具齐全、摆放整齐,仪器设备安装正确,个人卫生、仪表符合工作要求	工作区域干净、整齐,工具齐全、摆放比较整齐,仪器设备安装正确,个人卫生、仪表符合工作要求	工作区域比较干净、整齐,工具不齐全、摆放不够整齐,仪器设备安装正确,个人卫生、仪表符合工作要求	A B C
操作步骤	能够独立对照操作标准,使用准确的技法,按照规范的操作步骤完成实际操作	能够在同伴的协助下,对照操作标准,使用比较准确的技法,按照比较规范的操作步骤完成实际操作	能够在老师的指导和帮助下,对照操作标准,使用比较准确的技法,按照比较规范的操作步骤完成实际操作	A B C
操作时间	在规定时间内完成任务	在规定时间内,在同伴的协助下完成任务	在规定时间内,在老师的帮助下完成任务	A B C
操作标准	涂抹均匀,手法正确迅速,发片的宽度、厚度一致,工具摆放合理,保护措施到位,视觉效果舒服,符合设计方案要求	效果:涂抹均匀,手法正确,工具摆放合理,保护措施到位,视觉效果舒服,符合设计方案要求	效果:涂抹均匀,手法正确,保护措施到位,符合设计方案要求	A B C
整理工作	工作区域整洁、无死角,工具仪器消毒到位、收放整齐	工作区域整洁,工具仪器消毒到位、收放整齐	工作区域较凌乱,工具仪器消毒到位、收放不整齐	A B C
学生反思				

四、知识链接——颜色差别的普遍性

产生颜色差别的原因如下：

①在同一光源的照射下，各种物体受光的角度、距离和强度各不相同，而且同一物体的各个部分受光的角度、距离、强度等也不尽相同。

②不同物体的不同部位，即使受相同的光源照射，它们反光的明度、色相与颜色也不相同。由于光线千变万化，它们的反光更是千差万别。

③发光体与反光体分布在空间各处，它们与眼睛的距离、角度各不相同，即使它们反射的光相同，也会产生不同的颜色感觉。

④发光体处在运动变化之中，由此造成了颜色的变化。例如，由于地球的自转与公转，会出现晨、暮、昼、夜四时和春、夏、秋、冬四季的变化，因此地球上万物受太阳光照射的角度、距离无不随之变化，进一步促使颜色变化。即使把光源换成人造光源，颜色依旧处于游移不稳定的状态。

⑤反光的物体本身也在运动和变化之中，一方面它的角度、距离与环境在改变，另一方面它的反光能力也在变化。

⑥眼睛跟随人而运动，眼睛的感觉随人的生理及心理状态而变化，从而影响颜色感觉的变化。

⑦色光的明度、色相、彩度等有无限的可分性，眼睛对色光的感觉也有极大的适应性，包括明适应、暗适应、色相适应等。在适应之前，很多差别无法分辨，只有适应之后才能分辨。

以上所述，①~③是物体本身形成颜色差别的原因，④~⑦说明形成颜色这个视觉形态的因素均处于不停的运动和变化的时候，颜色感觉的相同是有条件的、暂时的和局部的现象，颜色感觉的不同则是无限的无条件的持久的和全局的现象。完全静止不变的百分之百相同的颜色是没有的。

因此，只有在单一颜色的内部的或大体相同的颜色之间，才会有明显的颜色对比关系。在一般情况下，在眼睛能看见的条件下，颜色对比关系时时处处都存在，这就是颜色对比关系的普遍性。

本书的重点在于研究颜色对比关系的特殊性。由于颜色本身彼此不同，它们所构成的对比关系也必然各具特点，而且具有无法代替的特点与效果。

同时，非颜色有明度的特性，非颜色之间就可形成非常多样的明度对比关系；颜色则同时具有明度对比、颜色对比及综合对比等关系。

此外，颜色间还有冷暖、进退、张缩、厚薄等感知方面的差别，也就必然形成冷暖对比、进退对比、张缩对比、厚薄对比……因此，弄清颜色对比的特殊性就显得更加重要了。

单元二 挑染

单元导读

内容介绍

在染发已成为时尚的今天，单纯地把发色变浅或变深已经不能满足消费者的需求。进行挑染设计，可以使头发表现出更为自然的空间感、线条感。优美的发型搭配色彩时髦的挑染，使头发更有光泽，也更有层次。时尚界甚至有一种说法：不作挑染的发型就称不上时尚发型。本单元介绍利用锡纸挑染和利用挑染帽挑染两个染发工作项目。

单元目标

①进一步熟悉染发基本流程，掌握顾客接待的基本要求。
②熟练掌握并运用调配染发剂、涂抹染发剂等染发关键技能。
③能够按照操作规程完成锡纸挑染、挑染帽挑染两个染发工作项目。
④在工作中，培养和提升沟通能力、应变能力和细致耐心的服务能力。

项目一 锡纸挑染

项目描述：

挑染是将头部的某一部位头发或某一缕头发染成另外一种颜色，以突出发型的立体层次效果。不论是低明度造型或高明度造型，挑染都可以使美发师的发型设计产生更多的变化。锡纸挑染造型（见图2-1-1）就是按照设计需要，利用锡纸的隔离作用完成的挑染工作。

图2-1-1

工作目标：

①能够依据要求选择挑染方案。

②能够依据设计方案灵活运用相应的染发工具进行操作。

③能够按照规范的锡纸挑染操作步骤完成挑染操作流程。

④能够叙述锡纸挑染的操作步骤。

⑤通过动手实践能够使学生积极参与教学活动，利用沟通环节的训练，培养学生实事求是、讲信用的职业素养。

一、知识准备

（一）染发工作知识

1. 染发安全操作要求

由于染发需要使用各种不同的化学物质，故易发生问题。因此每项技术程序都需要特别留意操作的安全性。在处理染发产品、操作前做准备工作时，都要特别谨慎小心，才能安全且成功地完成染发服务。

（1）记录

工作日当天需备妥顾客记录卡以便随时取用。预约簿里记录着所有当天将要来访的顾客资料，因此在顾客到来之前，要先掌握顾客的资料，例如以往的服务情况、曾经来访的日期、服务者姓名、曾经接受过的化学品服务、曾经做过的测试的结果等。

（2）物料

在找到顾客记录卡之后，建议将所有产品及顾客记录卡放在一起，提前做好准备工作以节省时间。

（3）替顾客穿上客袍

在开始操作之前，适当地保护顾客及其衣物。大多数发廊都备有染发及漂色专用的客袍，能防止染发剂滴落到顾客的皮肤及衣物上。在替顾客披上客袍时，必须绑紧所有开口，更重要的是必须用塑料围巾披在顾客的肩膀上，塑料围巾扎束需松紧适宜，使顾客感觉舒适。最后将一条染发专用毛巾绕肩铺在塑料围巾上。

（4）座椅的位置

需用塑料椅套罩住椅背。若没有塑料椅套，则可将染发专用的毛巾横放铺在椅背上，并用大发夹把毛巾两端夹在椅子上，请顾客舒服地坐好。

（5）工具车

将染发服务所需的一切器材置于工具车上，并将工具车推至触手可及之处。此外，将符合顾客发长的挑染专用锡纸、梳子、发夹、大发夹等工具进行清洁、消毒，将一切准备就绪。

（6）美发师自身

美发师的个人卫生及安全也非常重要。应以谨慎认真的态度做好准备工作，在处理危险性化学物质时，尤需小心。穿上干净的染发围袍，绑紧带子并打上一个结，戴上手。

2. 发色与肤色、个性、职业的搭配

（1）肤色

肤色较浅——适合的颜色范围很广。染浅，如金棕色、亚麻色等，可呈现出脸部的明亮感与白皙的透明感。栗色和红色系也很合适。

肤色较深——适合的色系为红色系与紫色系。红色系的发色可以中和皮肤中的绿色调，使皮肤显得光亮。紫色系的发色可以中和皮肤中的黄色调，也能将肤色衬得更明亮。深栗色和深酒红色、红紫色都相当不错。

（2）个性

个性内敛、文静——可以选择接近自然发色的颜色，如蓝黑、棕褐、暗红、阳光色等。

个性外向、活泼——如果顾客喜欢尝试新鲜事物，不妨选一些张扬、耀眼的颜色，如葡萄红、浅紫色、蓝色或金色。紫色、蓝色这样另类的颜色比较适合挑染，否则过于夸张。

（3）职业

从事时尚职业——如造型师、化妆师、设计师或从事艺术工作的人，大多喜爱彰显个性，所以选择炫一些的颜色未尝不可，可以根据顾客的喜好确定。亚麻绿、金红色适合各种方式的挑染。

从事相对保守的职业——如公司白领、公司高层、教师等，可以选择接近发色的深色，如深棕色、深栗色、蓝紫色这类比较保守的颜色。深色的挑染可产生一种若有若无的感觉，而且富于变化。

（二）挑染造型知识

挑染就是按照设计需要，将某一部位的头发或某一缕头发染成另外一种颜色，以突出发型的立体层次效果。挑染可以利用深浅效果制作层次丰富的造型，根据不同季节及潮流制作时尚发型，突出个性，展现活跃跳动的性格，配合发型改变形象，展现与众不同的面貌。

1. 隐藏式挑染

(1)断层式挑染

断层式挑染适合偏分或中分的中长发型。先把发线分好,把发线旁边1.5cm的发片夹好不染,再以波浪形的挑区分手法,用锡纸包好,每一发片要保留1.5cm的距离,呈现一种若隐若现的效果。

(2)对比式挑染

对比式挑染是用2~3种颜色互相搭配,让发色更具层次感和丰富感,以强烈的对比体现发色的动感。

(3)底层式挑染

底层式挑染是把发线旁边2~3cm的头发夹起不染,余下的全染,要进行比自然色浅1度的染色,以表现明显的深浅度,让发色柔和、发质柔软。

2. 渐层次挑染

渐层式挑染的方式很多,如三角式挑染、斜线式挑染等,每一种都有其特色表达方式来适合发型需要。

(1)三角式挑染

以小三角形发夹进行挑染,可以让发型的层次表现得更好。因为发片在垂落时会呈现尖形,让发型的层次和片染部分的主体感更明显,和以往的编织式挑染相比,三角形挑染的发量和形状都比较突出,最适合飘逸的动感发型。

(2)斜线式挑染

斜线式挑染要视发型的需求而定。斜线分区能表达长层次的自然感,进行斜线式挑染时应先设计并吹好发型,再逆向挑出发片。斜线式挑染最适合自然感强的发型,如披头式、"一"字式、羽毛式等发型。

(3)放射式挑染

放射式挑染以顶部为中心点来表现发型的圆弧度,适合多种发型,如齐长(ONELENGTH)、BOB、短羽毛等发型。

(三)工具

挑染的工具主要包括毛巾、梳子、夹子、刻度瓶、染发用披肩、锡纸、记录卡、洗发精、滑石粉、手套、棉花、双氧乳、漂粉、塑料碗等。

项目一 锡纸挑染 | 55

二、工作过程

（一）工作标准（见表2-1-1）

表2-1-1

内容	标　准
准备工作	工作区域干净、整齐，工具齐全、摆放整齐，仪器设备安装正确，个人卫生、仪表符合工作要求
操作步骤	能够独立对照操作标准，准确使用技法，按照规范的操作步骤完成实际操作
操作时间	在规定时间内完成任务
操作标准	分片均匀，头皮无痕迹，操作手法熟练，工具摆放合理，视觉效果舒服，符合设计要求
整理工作	工作区域整洁、无死角，工具仪器消毒到位、收放整齐

（二）关键技能

1. 分挑发片

选择挑染区域

选择所要挑染的部位，预先划分出需要挑染的发区。戴好手套。

抓起发片

按照设计意图挑出一片头发，挑起发束以45°角抓起。

跳跃式分挑

将发片梳顺，用挑染梳尾部在发片上作跳跃式分拨运动，挑出几缕细小发束。

抓住分挑发束

此时梳子不要离开，另一只手抓住梳子上面被挑出的发束靠近发梢处。

分离其他头发

抓住发片的手向上抬，用梳子将下面的发片向下压，将被挑染的发束与其他头发彻底分离。

注意：所挑发片不要太厚，发片厚度不能超过1cm，以取得均匀的效果。

2. 锡纸挑染

垫压锡纸

利用梳子尾部将锡纸的一端整齐地垫到挑好的发片下。

注意：所用锡纸应平整光滑，锡纸要预先根据头发长度剪裁好，过长会造成锡纸浪费，过短则不能起到包裹挑染发片的作用。

移开梳子的同时，提拉发片的手抓住发梢向下压，让发片压住锡纸并保持发片的位置在锡纸的正中央。

注意：拉扯发片压住锡纸时力度应适中，力度过大会给顾客形成拉扯发根的疼痛感，力度过小则起不到压住锡纸的作用。

涂抹染发剂

在距离发根部1cm处开始涂抹染发剂,涂抹时,染发刷应稍微施加一些压力,利用染发剂将发片牢牢粘在锡纸上。此时抓住发片的手松开发梢,由锡纸底部将其轻轻托起,将锡纸上的整片头发全部涂满染发剂。

注意:在锡纸上涂抹染发剂时要认真仔细,可以稍加力度反复涂抹,因为靠近锡纸的发片不容易被涂抹到。托住锡纸的手不要向下拉扯锡纸,这样可能造成发根外露较多,不能被锡纸完全包裹。

折叠锡纸包裹发片

染发剂涂抹完毕后将锡纸由下向上对折,两端对齐。

用染发梳在距离锡纸一侧开口1~2cm处压一道痕迹,以压痕为折叠线向内侧折叠锡纸,另一侧开口处折叠方法相同。

注意:折叠锡纸时动作要熟练,折叠形状要整齐。利用梳子从左向右压住折好的锡纸挤出空气。挤压空气时力度适中,否则会将染发剂挤出。

排列锡纸包

按照设计挑染的区域顺序挑染发片,将锡纸包按顺序排列整齐。

注意:在作多色挑染时可选择不同颜色的锡纸来区分颜色。

停放并检查颜色

根据染发剂使用说明设定停放时间,一般为15~20分钟,适时轻轻沿着折叠痕迹将锡纸包打开,用梳背把发束上的染发剂推开,以便检查是否达到预期效果。

拆卸锡纸

将顾客请至洗发区域,沿着折叠痕迹将锡纸包打开,轻拉锡纸下端,将锡纸从发片上取下。

注意:拉锡纸时力度不要过大,过大会给顾客造成拉扯发根的疼痛感。

(三)操作流程

接待顾客

与顾客进行沟通交流,观察顾客的年龄、肤色,询问顾客的要求、喜好及基本信息,针对顾客的要求给予适当的建议,最终确定颜色和操作方案。

保护措施

按操作规程完成围围布、皮肤过敏测试、涂抹隔离霜等保护措施的操作。

调配染发剂

根据产品使用说明书的要求，按比例调配染发剂。

分挑发片

用跳跃式分挑方法挑出要操作的发片。

进行锡纸挑染

按操作规程和设计方案完成挑染操作。

染后洗发

按操作技术规范,完成染发剂的乳化和清洗。

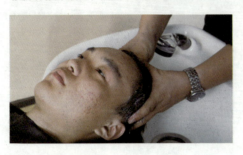
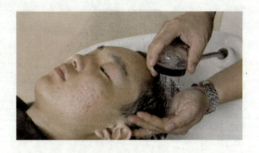

整理造型

根据顾客的需求可进行修剪、吹风造型等收尾工作。

盘点用品,整理工具、工作区域,为接待下一位顾客做好准备。

三、学生实践

(一)任务布置

任务一:分挑发片效果竞赛

在实训室以小组为单位进行比赛,在40分钟内分挑8片头发,结束后各组进行讨论,讲出作品的优点和缺点,并选出效果最好的作品参加评比,由老师选出本次竞赛的最佳作品。

任务二:全头挑染实际操作

在实训室采取小组合作形式,在3小时内挑染全头,结束后各组进行讨论,记录作品的优点和缺点并分析原因。

思考问题:

①组内的每个成员的分工各是什么?(记录姓名、工作内容)

②有没有相同的工作可以大家一起完成?

③在分挑发束和涂抹染发剂的过程中可不可以两人同时操作?如果可以,应该怎样操作?

④在洗发时只需要一个人,此时其他组员该做什么?你们组是怎么分工的?

(二)评价标准(见表2-1-2)

表2-1-2

评价内容	评价标准			评价等级
	A(优秀)	B(良好)	C(及格)	
准备工作	工作区域干净、整齐,工具齐全、摆放整齐,仪器设备安装正确,个人卫生、仪表符合工作要求	工作区域干净、整齐,工具齐全、摆放比较整齐,仪器设备安装正确,个人卫生、仪表符合工作要求	工作区域比较干净、整齐,工具不齐全、摆放不够整齐,仪器设备安装正确,个人卫生、仪表符合工作要求	A B C
操作步骤	能够独立对照操作标准,使用准确的技法,按照规范的操作步骤完成实际操作	能够在同伴的协助下,对照操作标准,使用比较准确的技法,按照比较规范的操作步骤完成实际操作	能够在老师的指导和帮助下,对照操作标准,使用比较准确的技法,按照比较规范的操作步骤完成实际操作	A B C
操作时间	在规定时间内完成任务	在规定时间内,在同伴的协助下完成任务	在规定时间内,在老师的帮助下完成任务	A B C
操作标准	分片均匀,头皮无痕迹,操作手法熟练,工具摆放合理,视觉效果舒服,符合设计要求	分片均匀,操作流程正确,工具摆放正确,能够按照设计要求操作	分片大致均匀、工具摆放正确、能够完成操作流程	A B C
整理工作	工作区域整洁、无死角,工具仪器消毒到位、收放整齐	工作区域整洁,工具仪器消毒到位、收放整齐	工作区域较凌乱,工具仪器消毒到位、收放不整齐	A B C
学生反思				

四、知识链接——专业染发与彩色焗油的区别

①头发染色过程实际上是染发剂与头发的氧化过程，有别于一般的彩色焗油。彩色焗油是通过物理方法用热量打开头发毛鳞片，使色素因子渗透进表皮，从而覆盖头发表皮层，因此色素因子会随着洗发而逐渐减少。染色则是通过化学反应和彻底改变头发自然色形成永久效果。颜色按照色相、色调、色度的差别有4 000种以上，每一种颜色都有其独特的内涵，都会对改变人的气质、形象起到重要作用。

②头发从自然黑色逐渐脱色至浅亚麻色分为10个跨度，专业染发会根据目标色及头发自然色的色相跨度，来选择适合浓度的双氧水配合染发剂。如果目标色与头发自然色的色相跨度超过4°，则需要利用漂粉把自然色漂浅后再染，所以选择专业染发以便掌握及控制效果。

③对于受损发质、烫后发质、染后发质、健康发质等不同状况，同一种染发方法会呈现不同的染后效果，所以发型师会根据头发的不同状况来决定染发的顺序，如是先染发梢，还是先染发干，还是只染发根。一个人的外层头发与内层头发的发质会有所区别，通常外层头发因为直接接触空气、阳光而相对脆弱，染发时要利用时间差来控制效果。再如，靠近头皮的发根部会受到头皮热量的影响，如掌握不好，那么用同样的染发剂染色后也会产生色差。另外，如果原来染过头发，再染同样的颜色，那么一定要先染发根，将剩余染发剂用水稀释后再染其余头发，还要注意时间。如果想改变颜色，那么还需要加一个脱色的过程。

④白发的影响。如果白发比例超过30%，那么家庭染发剂（除染黑色外）就不会有令人满意的遮盖力。白发比例超过50%时，家庭染发剂就会失去功效，最好求助于专业染发人员，根据白发量加以适量基色染膏。那么，基色染膏+目标色染膏+适合浓度的双氧水，就能显现出满意的效果。

⑤个性化。发型师会选择适合顾客的气质、个性及形象的颜色，利用各种方法，如挑染、穿插交叠、多色并用等，创造出富于变化的染色效果。

项目二 挑染帽挑染

项目描述：

挑染的流程项目一中已作了介绍，但在实际染发工作中，并不全是利用锡纸进行挑染，如果短发的顾客想挑染出均匀相间的时尚发型，发型师会推荐使用挑染帽作挑染造型（见图2-2-1）。本项目介绍如何用挑染帽进行挑染工作。

图2-2-1

工作目标：

①能够叙述挑染帽挑染的操作步骤。

②能够依据设计方案灵活运用相应的染发工具进行操作。

③能够利用正确的挑染帽挑染操作步骤，完成挑染帽挑染的操作流程。

④通过动手实践能够使学生积极参与教学活动，提高了学生理论联系实际、与时俱进的工作理念，增强了学生在实践中发现真理和检验真理的职业能力。

一、知识准备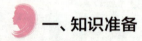

(一)染发基础知识

1. 挑染的色调选择

(1) 原来的发色较暗→选用高明度色调

最好是选用色度相差3°~4°的高明度设计，如此发色的差距变大，整体发色给人的视觉效果不但变亮，也变得更自然，会让顾客给人形成由内敛、稳重变得较活泼与年轻的印象。若所选的明度不大，有时人们很难察觉其中的差异，所以，即使色度相差3°~4°，因为用挑染的方式，结果依然是很自然的发色呈现。

(2) 原来的发色较暗→选用低明度色调

低明度色调的整体视觉效果呈现出内敛的造型印象，适合希望有变化，但又不想变化过于明显的顾客。

(3) 原来的发色较亮→选用高明度色调

因为原来的发色很亮，即使选择高明度色调来作挑染，此部分也不会给人太醒目、不协调的感觉。这种方式会让顾客的造型印象呈现出整体明亮伴有柔和的感觉，所以如果顾客想有此风格，运用此方法是一种不错的选择。

(4) 原来的发色较亮→选用低明度色调

这种表达方式能让顾客的造型印象呈现稳重的感觉。因为选用低明度色调，只需作压深挑染，不但不会对发质造成损伤，在视觉上空间感、质感亦可以表现得更好。

除了这里所谈的用色调处理，还可以用色相处理。此外设计的位置、发片的粗细、挑染的方式等，对于作品呈现的结果也都有关键性的影响，只需用简单的挑染技巧，就能使作品产生差异。

2. 染后颜色的偏差

头发的底色和染成色会导致染后颜色的偏差。

用绘画工具涂色时，如果画布是白色的，涂上的颜色不会发生变化。如果画布是蓝色的或红色的，就可形成与所涂颜色不同的颜色。染发也是同样的道理，顾客头发的底色和染成色掺混在一起，会给染后色带来影响，导致染后颜色的偏差。

在将白发染黑时，因毛发无色，可获得与使用色同样的颜色。但是，对黑发进行染色，或对残留有前次染色色素的头发进行染色，就必须注意。

如果将黑发脱色，头发的色调会呈现黑→黑褐→棕→亮棕→浅棕的变化。此时，色泽也呈现红→红橙→橙→橙黄→黄的变化。

这里需要注意的是，色彩有"互补"的性质。若和相对色混合，将形成"无彩色"（实际上是灰色）。具体的是指类似红色和绿色、紫色和黄色的组合。

对于氧化永久性染发剂，由于脱色和染色同时进行，在对黑发或已染发进行染发时，必须考虑到脱色导致的头发底色变浅的情况。例如，将黑发染成艳紫色，如采用脱色力度较强的紫色染膏，黑发的色泽会因强脱色力而漂浅成棕黄色。原本欲染成紫色，但因头发的棕黄色和染发剂的紫色相互抵消，形成灰色（实际上是紫灰色）。

已染的头发因通常的染发剂在毛发中留存的色素（残留色）不容易被分解，残留色会导致染后色发生变化。这虽然是比较极端的例子，但如此用氧化永久性染发剂对黑发或已染发进行染色，不考虑头发脱色所导致的底色变浅，或前次染发残留的色素对所产生的补色的影响，就不可能获得正确的染后色。

对于半永久性染发剂，其自身没有使毛发脱色的能力，没必要注意头发本身的补色问题。如果半永久性染发剂无法达到顾客所希望的颜色要求，可采用两阶段（先脱色，然后再用半永久性染发剂染发）的方法。

顾客的发色会受白发的量、已染发的次数、头发的受损程度等各种影响而产生各种变化。因此，首先要确实把握顾客的发色，考虑怎样搭配颜色；其次把握顾客所期望的染后色，再确认目标色。在此基础上，以头发的底色和所使用染发剂的补色相结合，以获得更接近目标色的染后色。

因此，学习和采用成色方法，预先了解适合不同发色的各种搭配色，结合在实际染发中所得到的经验，以及事先进行染色试验等，都是非常重要的。

（二）染发产品知识

1. 植物染发剂

（1）指甲花

用指甲花的叶片和根茎可做成红褐色染发剂。这种染发剂对身体和皮肤无刺激作用，是一种附着性染料，会在头发表层形成附加层。

（2）靛蓝

靛蓝是从数种豌豆类植物的叶片中提炼出的染料。它不能单独使用，需先干燥后磨成粉，混合指甲花染料，可做成乌黑色染发剂。

（3）甘菊

不少甘菊类植物常被用来做染料，其中最常用的有"罗马甘菊"和"德国（匈牙利）甘菊"两种，抹在头发上可产生金黄色。

2. 金属染发剂

（1）铅色素

多数染发剂含有铅的成分。铅色素一般由醋酸铅和硝酸铅，加上少量的粉状硫、甘油、香料玫瑰水制成。

（2）银色素

银色素的主要成分是硝酸银和玫瑰水。银色素比铅色素的效果好，但不易补染，尤其是发根补染更加困难，多次擦涂会产生不雅观的金属光泽。

（3）铜色素

铜色素与铅色素、银色素类似，但可以与不同的配料产生不同的色调，例如：硫酸铜加没食子酚产生褐色，硫酸铜加没食子酚再加氯化铁产生深褐色至黑色。

3. 一次性染发产品

一次性染发产品又称作即时性染发产品，它和传统的染发剂具有完全不同的机理，即在配方中添加一些一次性染发原料，主要是一些珠光色粉，依靠这些珠光色粉吸附在头发表层，达到染发的目的。因为它仅吸附在头发上，所以可以很方便地洗掉，好处是可以很方便地改变头发的颜色。

一次性染发品根据其最终形态可以有多种多样的形式，比如染发摩丝、喷发彩等。一次性染发产品的配方结构和常规产品大体相同，可以参考相关介绍，唯一不同的就是如上所述，添加了珠光色粉。

项目二 挑染帽挑染

二、工作过程

（一）评价标准（见表2-2-1）

表2-2-1

内容	标 准
准备工作	工作区域干净、整齐，工具齐全、摆放整齐，仪器设备安装正确，个人卫生、仪表符合工作要求
操作步骤	能够独立对照操作标准，准确使用技法，按照规范的操作步骤完成实际操作
操作时间	在规定时间内完成任务
操作标准	分束均匀，头皮无痕迹，操作手法熟练，工作区域干净整齐，工具摆放合理，视觉效果舒服，符合设计要求
整理工作	工作区域整洁、无死角，工具仪器消毒到位、收放整齐

（二）关键技能

1. 利用挑染帽挑出发束

梳理头发

以头顶最高点为中心，向四周呈放射状梳理顾客的头发，梳理通顺，使发梢走向保持向下的放射状。

注意：梳理头发的力度要适中，以免拉扯发根或划伤头皮。

为顾客戴挑染帽

从头顶端向下为顾客将挑染帽戴好，然后将挑染帽的底部翻起，露出顾客的前额及耳朵。

注意：戴挑染帽时先将头顶部位压好，不要弄乱事先梳理好的头发走向。

沿四周将挑染帽向下拉紧，使帽子呈紧贴头皮的状态。

用钩针插入头发

用专业钩针从挑染帽的孔斜向插入头发。

注意钩针穿过时要轻，以免扎到顾客的头皮。

挑出发束

用钩针头在头发中微微搅动，钩住足够发量后提拉钩针，将发束从挑染帽孔中带出。

注意：向上钩拉发束时，力度要均匀适中，一气呵成，力度较大有可能对顾客发根造成拉扯，使顾客产生疼痛感。

同样的方法挑完所需发束

根据染发方案,挑拉出所需的全部发束。

注意:操作时可根据设计要求,按挑染帽孔的排列一个换一个地全部挑出,也可以一个隔一个地挑出,或者选择头部的特定区域挑出发束。

2. 利用挑染帽染发

涂抹染发剂

左手向反方向拽住挑染帽,保持挑染帽不动,右手持染发刷顺头发方向将钩出来的头发全部均匀地涂抹上染发剂。

注意:拽住挑染帽时力度要适中,使挑染帽保持不动的状态即可,力度过大会导致挑染帽移位或彻底滑脱。涂抹染发剂时染发刷要左右反复地在头发上刷抹。

注意:不要涂抹过多染发剂。

用锡纸遮盖

涂抹完染发剂后,将事先准备好的锡纸以头顶为中心点,呈放射状包裹住头发,把头发全部盖住,把锡纸的边缘整理整齐,以便于保温加快染发剂反应。

停放检查

根据染发剂使用说明书中规定的时间停放等待。适时检查染发剂的反应效果,根据情况调整停放时间。

取下锡纸

在头发染色完成后,拆开并取下锡纸,但不要摘掉挑染帽。

冲洗

用温水冲洗,把挑染帽上的染发剂冲洗干净。

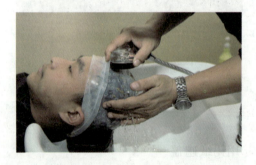

摘下挑染帽

摘取挑染帽时,要从一侧轻轻揭起,染发、冲水后头发会变粗,用力拉扯会给顾客带来疼痛感。

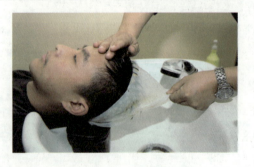

(三)操作流程

接待顾客
与顾客进行沟通交流,观察顾客的年龄、肤色,询问顾客的要求、喜好及基本信息,针对顾客的要求给予适当的建议,最终确定颜色和操作方案。

采取保护措施
按操作规程完成围围布、皮肤过敏测试、涂抹隔离霜等保护措施的操作。

调配染发剂
根据产品使用说明书要求,按比例调配染发剂。

利用挑染帽挑出发束
根据染发方案,利用挑染帽和钩针挑出所需发束。

单元二 挑染

利用挑染帽染发
利用挑染帽的隔离作用，完成挑出发束的染发程序。

染后洗发
按操作技术规范，完成染发剂的乳化和清洗。

整理造型
根据顾客的需求可进行修剪、吹风造型等收尾工作。

三、学生实践

（一）布置任务

任务一：挑染帽挑染练习

在实训室利用假模特进行挑染帽挑染练习。

思考问题：

①挑染帽挑染的操作程序是什么？

②怎样做好防护措施？

③操作中应注意什么？

④染发剂沾到衣物上时应采取什么措施？

任务二：挑染帽挑染模拟实操

找一位短发的模特在专业实训室内进行练习，在2小时内完成挑染帽挑染。

思考问题：

①在向下梳理头发时有什么困难？是怎么解决的？

②为模特带挑染帽时遇到了哪些困难？是怎么解决的？

③搅拌、钩拉的动作熟练吗？钩挑出的发束是否均匀？

④摘掉挑染帽时，顾客的面部表情是什么样的？

(二) 评价标准（见表2-2-2）

表2-2-2

评价内容	评价标准			评价等级
	A（优秀）	B（良好）	C（及格）	
准备工作	工作区域干净、整齐，工具齐全、摆放整齐，仪器设备安装正确，个人卫生、仪表符合工作要求	工作区域干净、整齐，工具齐全、摆放比较整齐，仪器设备安装正确，个人卫生、仪表符合工作要求	工作区域比较干净、整齐，工具不齐全、摆放不够整齐，仪器设备安装正确，个人卫生、仪表符合工作要求	A B C
操作步骤	能够独立对照操作标准，使用准确的技法，按照规范的操作步骤完成实际操作	能够在同伴的协助下，对照操作标准，使用比较准确的技法，按照比较规范的操作步骤完成实际操作	能够在老师的指导和帮助下，对照操作标准，使用比较准确的技法，按照比较规范的操作步骤完成实际操作	A B C
操作时间	在规定时间内完成任务	在规定时间内，在同伴的协助下完成任务	在规定时间内，在老师的帮助下完成任务	A B C
操作标准	分束均匀，头皮无痕迹，操作手法熟练，工具摆放合理，视觉效果舒服，符合设计要求	分束均匀，操作流程正确，工具摆放正确，能够按照设计要求操作流程	分束大致均匀，工具摆放正确，能够完成操作流程	A B C

续表

评价内容	评价标准			评价等级
	A（优秀）	B（良好）	C（及格）	
整理工作	工作区域整洁、无死角，工具仪器消毒到位、收放整齐	工作区域整洁，工具仪器消毒到位、收放整齐	工作区域较凌乱，工具仪器消毒到位、收放不整齐	A B C
学生反思				

四、知识链接——染发须知

1. 染发后注意事项

要避免染发后的发质粗糙、干涩、褪色、失去光彩，需要从多方面入手。对此，多数人首先想到的是专供染发使用的护色、护发一类美发用品，这类用品或含有护发滋养成分，可滋养发丝；或含有抗氧化成分，可避免氧化造成的发丝褪色。相比之下，非染发发质使用的一些洗发精或造型产品，因为界面活性剂不太温和，容易溶解分子结构，使染发后的发色很快流失。

染发后，影响发丝亮丽的头号敌人是洗发时水的冲击力。有80%以上的染发掉色与水有关，洗发、游泳、淋浴等会使发丝遇水，从而造成头发毛鳞片扩张，染发剂分子流失。避免这种情况的一个办法，是使用染发发质专用的美发用品，它可以缩减头发毛鳞片间隙遇水的扩张效果，降低染发剂分子自间隙流失的概率。

另外，吹风机的使用方法对染发发色是否亮丽也很重要。吹风机散出的高温容易造成染发后头发褪色。使用吹风机时，如果太靠近头发或吹风机温度太高，会产生和水一样的效果，能快速吹去因热风而变小的染发剂分子，使头发褪色。

2. 如何根据顾客的脸形染发

现代人很会装扮自己的头发。除了乌黑的头发，还出现了蓝黑色、深黑色、栗子色、浅棕色等颜色的头发。适当考虑到顾客的脸形，选择适当的位置着色，这样才会使染发效果更加美丽动人。

方脸的人颌骨较为突出,要使脸形下颌部的线条显得柔和一点,可围绕脸部四周进行间发染色。应由头发中段开始染发,而无须由发根开始染发,不宜选择太深的颜色,否则轮廓的改变不易表现出来。

对于圆脸的人,其头发染色范围应集中在靠近前额及头顶位置,这样可使脸形显得长一些,而脸部两旁的头发可染成较深的颜色,使双颊看上去显瘦。

对于椭圆脸的人,头发染色可在整个头部进行,无须顾忌太多。要注意的是,在发际线之后开始着色,而脸部两旁的头发宜保留较深的颜色,以突出椭圆脸形的完美轮廓。

对于长方形脸的人,染发时可给脸部两旁的头发加点颜色,而头顶部的发色要比两旁更深,前额和刘海只需疏落地染上一些颜色即可。

对于小脸的人,要在刘海处集中染色,以使前额看上去显得长一些,脸颊两边则宜进行均匀的间发染色,这会使脸部更迷人,更惹人注目。

对于倒三角形脸的人,要给耳朵以上的头发染上颜色,对颌骨及其后下方的头发进行集中间发染色,以作平衡,这样可使脸部下方显得宽些。

单元三 漂发

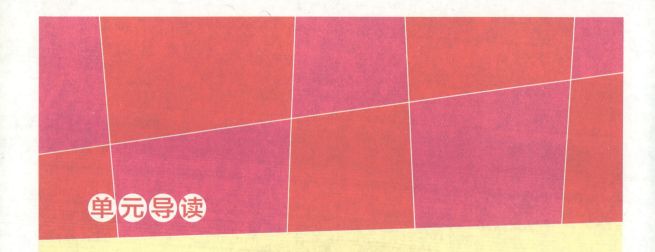

单元导读

内容介绍

随着染发的人不断增多,顾客对发色的需求和选择范围也越来越大。利用漂发技术改变头发底色,施加自己喜欢的鲜艳颜色,可以使面容充满神采。漂发是利用漂粉将头发自然色素和人工色素变浅的一种技术手段。作为一名美发师,掌握漂发技术十分重要。本单元介绍漂发工作的相关知识和技能,以充实美发师的漂色知识和增加美发师的染色创意空间。

单元目标

①掌握漂发原理、产品知识和操作的基本要求。
②能够依据顾客的需求及其发质状况,制定合理的漂发方案。
③能够描述漂发的操作步骤。
④能够依据设计方案灵活运用相应的漂发工具进行操作。
⑤通过漂发工作过程的实际训练,提升专业学习能力和综合职业素养。

项目一 全漂

项目描述：

在染发工作中，为了获得醒目的发色或染出理想的目标色，需要对全部头发进行漂发处理，如图3-1-1所示。全漂是染发中难度较大的工作项目，规范的操作程序和丰富的操作经验对完成全漂至关重要。

图3-1-1

工作目标：

①掌握漂发的原理。

②掌握常见漂色剂的特性和使用要点。

③能根据顾客的需求和染发需要制定可行的漂发方案。

④能够独立完成全漂项目的操作，初步具备漂发发色的控制能力。

⑤通过实践活动不断积累工作经验，提升自身综合职业能力，培养学生敢于创新、勇于创新的工作意识。

一、知识准备

（一）漂发基础知识

1. 漂发与染发的区别

漂发和染发是两种不同的改变头发颜色的技巧。染发是将人工色素作用于头发上而使头发改变颜色，漂发是将头发自然色素减少，而使头发变明亮和颜色变淡。头发的自然颜色取决于其所含的自然色素。深颜色的头发含有较多黑色素粒子，浅颜色的头发含有较少的黑色素粒子。漂发的目的在于减少头发中的黑色素粒子。

通过漂发，可以获得醒目的头发颜色，可以去除不喜欢的色调。漂发也可以应用于染发过程，为了染成目标色，先将头发底色漂淡，然后再施加染发剂。

2. 漂发的原理

漂色剂中所含的过氧化氢（双氧）是能够消除色素的漂淡物质。过氧化氢中的氧，在漂发中柔化头发的表皮层，渗透到皮质层中，消除色素细胞，减小色度，使头发颜色变浅。过氧化氢的浓度不同、漂色剂在头发中停留的时间不同，头发颜色的消失程度也有所不同。在漂发的过程中，头发内部变化大致经历以下几个阶段（见图3-1-2）。

（1）头发的初始状态

头发的表皮鳞片处于闭合状态，头发中的自然色素显现出头发的颜色。

（2）活化元素深入头发内部

活化元素在深入头发内部的过程中，头发的表皮鳞片被慢慢打开。

（3）头发漂浅过程

头发中的自然色素在活性氧分子的作用下被去除，头发颜色逐渐变浅。

（4）漂粉作用后被冲洗

头发颜色变浅之后，保护性油脂类物质使头发的表皮鳞片慢慢闭合，防止头发变干。

3. 漂发中发色的变化过程

一般头发在漂淡过程中，发色变化要经过7个阶段：黑色→棕色→红色→橙色→橙黄→黄色→亚麻色，最终头发颜色接近白色（见图3-1-3）。因此，在漂发过程中需要随时观察发色的变化。

   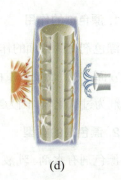

(a) (b) (c) (d)

图3-1-2

（a）头发的初始状态；（b）活化元素深入头发内部；（c）头发漂浅过程；（d）漂粉作用后被冲洗

图3-1-3

4. 漂发操作的注意事项

①洗发时不要用力抓，以免头皮破损，引起过敏反应，要用温水洗发。

②第一次进行漂发前，要进行头皮及头发测试，了解头皮的敏感度及头发的渗透性和弹性。

③涂抹漂色剂时用量要充足且涂抹速度要快，漂色剂用量少或涂抹速度慢都会影响最终效果。

④对过氧化氢的选择很重要，选择浓度较低的过氧化氢效果会更好，虽然漂发时间会长些，但是漂出的发色均匀且对头发伤害较小。

⑤漂发时，要随时观察头发颜色的变化，不要时间过长，以免使头发受损。

⑥为顾客披好围布，保护顾客的衣物。

⑦使用隔离霜，涂抹于发际线的周围，以保护皮肤。

⑧漂发时，美发师要戴好手套，穿好工作服，以免皮肤和衣物受损。

⑨漂色剂洒溅后要立即擦拭。

⑩填好记录卡。

（二）漂色剂

漂色剂是可使头发颜色变白或变浅的美发化学产品。

1. 漂色剂的作用

漂色剂有两方面的作用：一方面，使头发的颜色比天然色浅，从而直接达到美发作用；另一方面，为了改变头发的颜色，先使头发颜色变浅，然后再染上所需要的颜色。最好的漂色剂为过氧化氢，因为当它放出氧后留下的除了水以外没有别的物质。

2. 漂色剂的类型

漂色剂有水剂、乳液、膏剂和粉剂4种类型。

水剂：配方主要成分为过氧化氢、稳定剂、酸度调节剂。

乳液、膏剂：配方主要成分为过氧化氢、稳定剂、酸度调节剂、赋形剂。

粉剂：即漂粉，配方主要成分为过硫酸钾或过硼酸钠、填充剂、增稠剂和表面活性剂。漂粉在使用时必须配合双氧乳，即将双氧乳加入漂粉中搅拌均匀使用。

漂色剂对头发的损害比较大，除了使色素破坏降解外，还使头发的角蛋白链中间的键受到破坏，造成头发的伤害，使头发变得粗糙，类似干草。

3. 应用范围

染浅目标色超过基色4度时，要用漂粉和不同度数的双氧乳调配，以褪浅4度以上的颜色。

4. 双氧乳和漂粉的比例

常规调配比例为：1份漂粉+1份双氧乳或1份漂粉+2份双氧乳。双氧乳的量越多，褪色的速度越快，操作越不好掌握，所以建议漂洗长发时，双氧乳与漂粉的比例最好是1∶1。漂发最好用过氧化氢浓度为6%的双氧乳，如果一次漂不到位可以再漂一次，这样对头发的伤害小很多，只是慢一些。

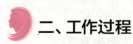

二、工作过程

(一) 工作标准（见表3-1-1）

表3-1-1

准备工作	工作区域干净、整齐，工具齐全、摆放整齐，仪器设备安装正确，个人卫生、仪表符合工作要求
操作步骤	能够独立对照操作标准，准确使用技法，按照规范的操作步骤完成实际操作
操作时间	在规定时间内完成任务
操作标准	涂抹均匀，头皮无痕迹，操作手法熟练，视觉效果舒服，符合设计要求
整理工作	工作区域整洁、无死角，工具仪器消毒到位、收放整齐

（二）关键技能

一次涂抹漂色剂

第一次涂抹部位为离发根1~2cm处至发梢。

首先将所有发区分界线周围的头发涂抹上漂色剂，这样可以使发区边沿线部位的头发全部着色并使原已分好的发区更加清晰。尽量用漂色剂将竖起的头发压下。

从头后部某一发区最低的一片头发开始，完成头后部发区的涂抹。

注意：涂抹漂色剂时，动作要熟练，不要拖延时间，否则漂色剂在头发上反应的时间长短不一，会造成颜色不均匀。

观察发色

重新调配漂色剂

重新调配新鲜漂色剂。

第二次涂抹漂色剂

涂抹发根时,先涂抹第一发片的上部。第二发片挑起后充分打开,露出两片发片的根部,横向握住染发刷纵向移动,同时涂抹上下两片发片的根部。按以上述方法,以从后向前的顺序,涂抹全部发根。

注意:从发根到发梢按顺序涂抹漂色剂。不要遗漏边缘和细小的毛发。分挑发片要薄,漂色剂不要过量,以免发根颜色变浅。染发刷可竖刷发片。

散开发片

将涂抹完漂色剂的发片尽量打开。

注意:应让发片尽可能地接触空气。发片粘连在一起不利于漂色剂发挥作用,会导致漂出的颜色不均匀。

观察发色

检查发根和颜色衔接部位的褪色效果。

注意:着重观察耳顶、发际线边缘等一些细小的部位。漂色剂全部涂抹完毕后,将发片一一挑起,观察变色效果,仔细检查是否有颜色不均匀的地方。

补漂

仔细检查漂色剂的涂抹效果,发现有未涂到的地方时要补充涂抹,如果发现与目标色差距较大可以进行补漂。

(三)操作流程

接待顾客
与顾客进行沟通交流,制定本次服务的操作方案。
观察顾客的年龄、肤色,询问顾客的要求、喜好及基本信息。
针对顾客的要求给予适当的建议,最终确定颜色和操作方案。

保护措施
按操作规程完成围围布、皮肤过敏测试、涂抹隔离霜等保护措施的操作。

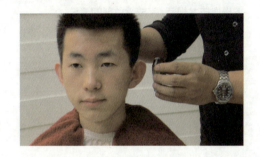

调配漂色剂
根据漂发方案调配漂色剂。

分区
将顾客的头发分成4个发区。

单元三 漂发

涂抹漂色剂

分两次将漂色剂均匀地涂抹在头发上。

洗发

按操作技术规范,完成漂色剂的清洗。

整理造型

根据顾客的需求可进行修剪、吹风造型等收尾工作。盘点用品,整理工具和工作区域,为接待下一位顾客做好准备。

三、学生实践

(一) 布置任务

1. 漂发前的准备工作

在美发实训室,时间为40分钟,两人一组进行漂发前的准备工作。

思考问题:

①漂发的保护措施有哪些?

②可用什么产品代替漂色剂?

③为什么要分阶段涂抹漂色剂？

④在漂发过程中，对头发伤害最大的是什么产品？（举例说明）

2. 全漂操作

在美发实训室，时间为3小时，两人一组进行全漂操作。

思考问题：

①你制定的漂发方案是什么？

②如何选择双氧乳中过氧化氢的浓度？为什么？

③你在涂抹漂色剂时动作是否迅速？对颜色先达到目标效果的发片你是怎样处理的？（做记录）

（二）评价标准（见表3-1-2）

表3-1-2

评价内容	评价标准			评价等级
	A（优秀）	B（良好）	C（及格）	
准备工作	工作区域干净、整齐，工具齐全、摆放整齐，仪器设备安装正确，个人卫生、仪表符合工作要求	工作区域干净、整齐，工具齐全、摆放比较整齐，仪器设备安装正确，个人卫生、仪表符合工作要求	工作区域比较干净、整齐，工具不齐全、摆放不够整齐，仪器设备安装正确，个人卫生、仪表符合工作要求	A B C
操作步骤	能够独立对照操作标准，使用准确的技法，按照规范的操作步骤完成实际操作	能够在同伴的协助下，对照操作标准，使用比较准确的技法，按照比较规范的操作步骤完成实际操作	能够在老师的指导和帮助下，对照操作标准，使用比较准确的技法，按照比较规范的操作步骤完成实际操作	A B C
操作时间	在规定时间内完成任务	在规定时间内，在同伴的协助下完成任务	规定时间内，在老师的帮助下完成任务	A B C
操作标准	涂抹均匀，头皮无痕迹，操作手法熟练，工具摆放合理，视觉效果舒服，符合设计要求	涂抹均匀、操作流程正确，工具摆放正确，能够按照设计要求操作流程	涂抹大致均匀，工具摆放正确，能够完成操作流程	A B C
整理工作	工作区域整洁、无死角，工具仪器消毒到位、收放整齐	工作区域整洁，工具仪器消毒到位、收放整齐	工作区域较凌乱，工具仪器消毒到位、收放不整齐	A B C
学生反思				

四、知识链接——如何增加头发的光泽

1. 选择和原发色差异较大的染发剂颜色

染发前先根据需要——遮盖白发或染出流行色——选择适合的染发剂颜色。以色彩搭配来说,大部分东方人的发色介于深棕色和浅棕色之间,肤色则多半偏黄,所以如果想遮盖白发,并使染后的发色与天然发色接近,黑色系、深棕色系是最基本的选择;如果只想稍微改变发色,将皮肤衬托得更红润动人,则咖啡色系或暗红色系都是不错的选择;如果要有时尚感、现代感,可尝试红色系或铜金色系。流行服饰、彩妆、肤色都是选择发色的参考条件。

2. 先染后烫,间隔1~2周为好

如果既烫发又染发,最好先烫后染,并且要间隔1~2周。如果先染后烫,会使附着在头发内的人工色素及护发成分流失。

3. 染发前不需要洗头

染发前不需要洗头,将染发剂直接涂抹在干发上即可,以避免洗头时抓伤头发。除非头发上有大量发胶或护发产品,才需要将这些沉积物用清水冲洗干净。清洗时不可使用洗发香波,以免香波残留包附住发丝,影响色素分子进入,降低染发效果。染发后,最好3天后再洗发,可以避免色素分子从头发上脱离。

4. 按照产品说明书操作

通常只要按照产品说明书操作,让染发剂均匀停留在头发上20~30分钟,即可染出明亮的发色。本身发色较深或想让染后发色更明显,可试着让染发剂在头发上停留久一点,但最长不要超过30分钟。

5. 每两个月补染新长出来的头发

头发平均一个月长1~1.5cm,新长出来的头发与染后的头发有明显的色差,建议至少每两个月补染一次头发。补染时只要将染发剂涂在新长出来的头发上,停留20分钟后,再将染发剂均匀按摩到全部头发,再停留10分钟,用水冲洗即可。

6. 从日常细节保护染后发色

染发后不要过度日晒、长时间接触海水及游泳池内的氯化物，以免头发因氧化而褪色。最好尽量使用染后专用的洗发乳润发乳及护发产品，以更有效地保护染后的头发。

项目二 挑漂

项目描述：

挑漂是漂发工作中一种重要的方法。挑漂之后，头发底色形成深浅差异，再搭配上时髦的色彩，呈现出明显交错的视觉效果，使头发更有层次，也更有动感（见图3-2-1）。本项目介绍挑漂的完整操作过程，使读者更加深入地体会漂发的各项操作技巧在实际工作中的运用。

图3-2-1

工作目标：

①结合实际操作，进一步掌握漂发中头发的变色原理和注意事项。

②能够依据顾客的要求制定简单的挑漂方案。

③能够依据设计方案灵活运用相应的漂发工具完成挑漂工作。

④通过实践活动优化学生的学习动力，努力挖掘学生的学习潜力，利用行业中的真实案例描述帮助学生树立自己正确的人生观、价值观、世界观。

一、知识准备

（一）漂发基本知识

1. 影响漂发的因素

（1）发质

细发比粗发容易漂，受损发比健康发容易漂。受损发漂前必须先作护发。二段发目标色度相同时，自然发比染过的头发容易漂。二段发目标色度比染过的头发色度低时，先处理人工色素部分，再漂浅自然发色部分。二段发目标色度与已染过的头发色度相同时，则先处理自然发色部分，再处理人工色素部分。

（2）时间

注意双氧乳高峰期的时间，双氧乳有一般氧化的时间，但漂发的时候要进行目测。如果双氧乳氧化时间未到，却已达到目标色度，即可冲水终止其作用。如果双氧乳时间已到，却未达到目标色度，则用梳子刮去漂色剂，然后再漂。要注意如果洗得太干净再漂，对头皮刺激比较大。

（3）温度

通常漂发不用加温。因头皮温度的关系，需对离头皮1~2cm的头发先漂，当接近目标色度时，再漂发根部分，且发根部分勿涂太多太厚的漂色剂，以免漂得太浅。要避开空调出风口。注意有些发际线（前侧点例外）漂浅较慢，可先操作，再漂发根部分。发束的大小会影响接触空气的面积，漂出来的效果亦会不同。

2. 如何在漂发过程中减少对发质的损伤

很多顾客不愿意接受漂发的原因，是他们觉得漂发会给头发带来损伤。为什么顾客会有这样的感觉？这是因为美发师对漂发技术掌握得不好。美发师应该潜心研究产品的性能，加强对漂发技术的掌握，使用质量可靠的高品质漂色剂，这样可以使损伤降至最低。还要注意以下几方面，以减少漂色剂对头发的损伤。

（1）诊断发质

诊断发质是漂发前必不可少的步骤，只有准确地诊断发质，才能决定漂发的调配和操作。

（2）不用洗发

干发操作是漂发操作的最基本要求，如果漂发前对头发进行清洗，漂色剂在接触头发的时候将会使顾客有刺痒感和不适感。

（3）漂色剂的调配比例

漂色剂的调配比例要根据发质条件确定。如威娜无尘漂色剂与双氧乳的调配比例可为1∶1、1∶1.5、1∶2、1∶3等，关键取决于顾客的发质条件和需要的色度。

（4）双氧乳的配合

只有将漂色剂和双氧乳调配在一起使用，才能达到最佳的漂色效果。而双氧乳浓度的选择至关重要。很多美发师经常使用高浓度的双氧乳进行漂发，其实在漂发过程中，双氧乳的浓度越高，对头发的损伤越大。一般来讲，使用过氧化氢浓度为6%的双氧乳与漂色剂调配来进行漂发，几乎可以达到日常需要的所有色度。个别情况下可以考虑使用过氧化氢浓度为9%的双氧乳，但是过氧化氢浓度为12%的双氧乳在漂发中是绝对禁止使用的。需要提醒的是：在所有双氧乳中，只有过氧化氢浓度低于6%的双氧乳才可以用于发根，换句话说，只有过氧化氢浓度低于6%的双氧乳才可以接触头发，其余的不可以。

（5）漂浅的程度

在漂发过程中，并不是将头发漂得越浅越好，也不是将头发漂得越浅越容易上色。如果是目标色浅于基色4度以上的染发，在漂发时，只需要漂浅头发色度接近目标色1度~2度即可，没有必要浅过目标色。如果是曾经染过深色人工色素的头发，想让发色浅过现有色度，在漂色时需要漂浅超过目标色1度~2度才可染色，所以在漂色过程中，对漂浅色度的掌握是很难的一项技术，需要不断练习才能掌握。

（6）规范的操作

根据发质的健康或受损状况，可以决定先从哪个部位开始涂抹漂色剂，这样可以降低漂色剂在受损发质上的作用时间，减少对发展的损伤。

（7）漂色剂的作用时间

漂色剂的作用时间是50分钟，不要盲目延长或缩短时间，这会给头发带来损伤。在停放过程中，要不时地观察头发颜色的变化，在达到所需色度时，适时地终止漂色剂的作用，以免对头发造成损伤。

（8）漂色剂的用量

完美的漂色效果需要足够的漂色剂用量，漂色剂用量过少或者涂抹不均匀容易产生色斑和颜色不均匀的状况。

（9）必不可少的漂后护理

在漂发过程中掌握了以上知识基本可以得到完美的漂色效果。如果美发师能为顾客推荐科学合理的家中护理方法，那将更加完美。由于漂后头发中残留有少量的碱性分子和氧分子，所以，使用染后香波和护发素是必不可少的，这样可以有效地终止残留物质对头发的继续氧化和破坏，得到亮丽持久的发色效果。

（二）漂发工具和用品

漂发工具和用品主要包括毛巾、梳子、夹子、刻度瓶、染发用披肩、记录卡、洗发精、滑石粉、手套、棉花、双氧乳、漂粉、染色碗、锡纸等。

二、工作过程

（一）工作标准（见表3-2-1）

表3-2-1

准备工作	工作区域干净、整齐，工具齐全、摆放整齐，仪器设备安装正确，个人卫生、仪表符合工作要求
操作步骤	能够独立对照操作标准，准确使用技法，按照规范的操作步骤完成实际操作
操作时间	在规定时间内完成任务
操作标准	涂抹均匀，头皮无痕迹，操作手法熟练，包裹整齐，视觉效果舒服，符合设计要求
整理工作	工作区域整洁、无死角，工具仪器消毒到位、收放整齐

（二）关键技能

1. 分挑发片

选择挑漂区域

选择所要挑漂的部位，预先划分出需要挑漂的发区。用发夹夹好。

抓起发片

按照设计意图挑出一片头发，挑起发束应以45°角抓起。

跳跃式分挑

将发片梳顺，从第二片开始调整，用挑染梳尾部在发片上作跳跃式分拨，挑出几缕细小发束。

抓住分挑发束

此时梳子不要离开，另一只手抓住梳子上面被挑出的发束靠近发梢处。

分离其他头发

抓住发片的手向上抬，用梳子将下面的发片向下压，将被挑出的发束与其他头发彻底分离。

注意：所挑发片不要太厚，不能超过1cm，以取得均匀的效果。

2. 锡纸挑染

垫压锡纸

利用梳子尾部将锡纸的一端整齐地垫到挑好的发片面上。移开梳子的同时，提拉发片的手抓住发梢向下压，让发片压住锡纸并保持发片处于锡纸的正中位置。

注意：所用锡纸应平整光滑，锡纸要预先根据头发长度剪裁好，过长会造成锡纸浪费，过短则不能起到包裹挑染发片的作用。拉扯发片压住锡纸时力度要适中，力度过大会给顾客造成拉扯发根的疼痛感，力度过小则起不到压住锡纸的作用。

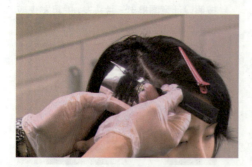

涂抹漂色剂

在距离发根1cm处开始涂抹漂色剂。涂抹漂色剂时,染发刷应稍微施加一些力度,利用漂色剂将发片牢牢粘在锡纸上。此时抓住发片的手松开发梢,由锡纸底部将其轻轻托起,将锡纸上的整片头发全部涂满漂色剂。

注意:在锡纸上涂抹漂色剂时要认真仔细,可以稍加力度反复涂抹,因为靠近锡纸的发片不容易被涂抹到。托住锡纸的手不要向下拉扯锡纸,否则可能造成发根外露较多而不能被锡纸完全包裹。

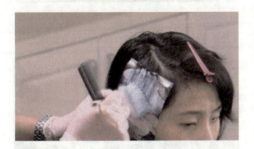 

折叠锡纸包裹发片

漂色剂涂抹完毕后将锡纸由下向上对折,两端对齐。用染发梳在距离锡纸一侧开口1~2cm处压一道痕迹,以压痕为折叠线向内侧折叠锡纸。另一侧开口处折叠方法相同。利用梳子从左向右压住折好的锡纸挤出空气。

注意:锡纸折叠动作要熟练,形状要整齐。挤压空气时力度应适中,否则会将漂色剂挤出。

 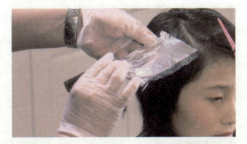

排列锡纸包
按照设计挑漂的区域顺序挑漂发片,将锡纸包按顺序排列整齐。

停放并检查颜色
根据漂色剂使用说明设定停放时间,一般停放15分钟。适时沿着折叠痕迹轻轻将锡纸包打开,用梳背把发束上的漂色剂推开,以便检查是否达到预期效果。

补漂
检查后,如果没有达到理想的颜色,将头发上现有的漂色剂刮掉,尽可能地刮干净,再次涂抹漂色剂并设定停放时间。
注意:检查与补漂时要认真仔细,不要将漂色剂粘到其他头发上,否则会影响整体漂发效果。

拆卸锡纸
将顾客请至洗发区域,沿着折叠痕迹将锡纸包打开,轻拉锡纸下端,将锡纸从发片上取下。
注意:拉锡纸时力度不要过大,过大会给顾客造成拉扯发根的疼痛感。

（三）操作流程

接待顾客

与顾客进行沟通交流，观察顾客的年龄、肤色，询问顾客的要求、喜好及基本信息，针对顾客的要求给予适当的建议，最终确定颜色和操作方案。

保护措施

按操作规程完成围围布、皮肤过敏测试、涂抹隔离霜等保护措施的操作。

调配漂色剂

根据漂发方案调配漂色剂。

分挑发片

用跳跃式分挑方法挑出要操作的发片。

利用锡纸挑漂
按操作规程和设计方案完成挑漂操作。

漂后洗发
按操作技术规范完成漂色剂的清洗。

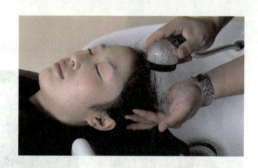

漂后护理
用专业护理产品进行漂后护理。

整理造型
根据顾客的需求可进行修剪、吹风造型等收尾工作。盘点用品,整理工具和工作区域,为接待下一位顾客做好准备。

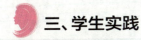 三、学生实践

（一）布置任务

任务一：片状挑漂竞赛

在实训室以小组为单位进行比赛，在40分钟内分挑12片头发并用锡纸包裹，结束后每组选出效果最好的作品参加评比，由老师选出竞赛的最佳作品。

思考问题：

①发片分挑是怎样分布的？其意图是什么？

②锡纸的折叠方法是什么？

③除了直线分挑法、跳跃式分挑法，还有其他分挑发片的操作方法吗？

④作品的优点和缺点是什么？

任务二：挑漂全头实际操作

在实训室以小组合作的形式，在3小时内挑漂全头。

思考问题：

①分挑发片的具体方法与意图是什么？

②调配漂色剂时漂粉与双氧乳比例是多少？

③应为顾客提供哪些保护措施？应该怎样操作？

④小组是怎么分工的？组员该做什么？

⑤作品的优点和缺点是什么？

（二）评价标准（见表3-2-2）

表3-2-2

评价内容	评价标准			评价等级
	A（优秀）	B（良好）	C（及格）	
准备工作	工作区域干净、整齐，工具齐全、摆放整齐，仪器设备安装正确，个人卫生、仪表符合工作要求	工作区域干净、整齐，工具齐全、摆放比较整齐，仪器设备安装正确，个人卫生、仪表符合工作要求	工作区域比较干净、整齐，工具不齐全、摆放不够整齐，仪器设备安装正确，个人卫生、仪表符合工作要求	A B C
操作步骤	能够独立对照操作标准，使用准确的技法，按照规范的操作步骤完成实际操作	能够在同伴的协助下，对照操作标准，使用比较准确的技法，按照比较规范的操作步骤完成实际操作	能够在老师的指导和帮助下，对照操作标准，使用比较准确的技法，按照比较规范的操作步骤完成实际操作	A B C
操作时间	在规定时间内完成任务	在规定时间内，在同伴的协助下完成任务	规定时间内，在老师的帮助下完成任务	A B C
操作标准	涂抹均匀，头皮无痕迹，操作手法熟练，包裹整齐，工具摆放合理，视觉效果舒服，符合设计要求	涂抹均匀，操作流程正确，工具摆放正确，头皮无痕迹，能够按照设计要求操作流程	涂抹大致均匀，工具摆放正确，能够完成操作流程	A B C
整理工作	工作区域整洁、无死角，工具仪器消毒到位、收放整齐	工作区域整洁，工具仪器消毒到位、收放整齐	工作区域较凌乱，工具仪器消毒到位、收放不整齐	A B C
学生反思				

四、知识链接——几种漂发方式

1. 点漂

因为头发内自然色素分布并不均匀,因此头发从头皮到发梢通常无法均匀地漂淡,当遇这种情形时,头发可能会出现颜色不均的现象,这说明在该区域头发还没有被完全漂淡,必须进行点漂以确保颜色均匀。

点漂的操作方法如下:

①将颜色不均匀的头发挑出。

②为该区域的头发重新涂抹漂色剂。

③将该区域的头发完全漂淡。

④冲洗。

2. 纹理漂

数条染色的发缕分散在头发上,能使发型和脸形产生特殊的效果。

纹理漂的操作方法如下:

①将头发按设计方案分区。

②由头发底部开始操作,分出一发片,用尖尾梳间隔挑出欲漂的发束。

③将锡纸放在要漂的发束下面,施加漂色剂。

④将锡纸折起固定。

⑤利用此方法,将全头漂完。

⑥停放一定时间后洗发。

3. 沐浴漂

沐浴漂是一种特殊的漂发技巧。

①使用范围:处女发染浅目标色超过基色4度的染浅;曾经染过深色人工色素,要染浅的头发。

②调配比例:1份漂粉+1份过氧化氢浓度为9%的双氧乳+1份温水。

③停放时间:依照褪色效果,随时终止漂色(建议在50分钟之内结束)。

④沐浴漂结束后,先洗发,再配合使用护发素以终止氧化作用,然后吹干头发再进行其他操作。